Gabriele Cerwinka/Gabriele Schranz

Protokollführung

Gabriele Cerwinka/Gabriele Schranz

Protokollführung

Richtig strukturieren und treffend formulieren

alles, was sie wissen müssen

REDLINE | VERLAG

Bibliografische Information der Deutschen Nationalbibliothek

Die Deutsche Nationalbibliothek verzeichnet diese Publikation in der Deutschen Nationalbibliografie.
Detaillierte bibliografische Daten sind im Internet über http://dnb.d-nb.de abrufbar.

Für Fragen und Anregungen:
cerwinka@redline-verlag.de
schranz@redline-verlag.de

4. aktualisierte Auflage 2011

Nymphenburger Straße 86
D-80636 München
Tel.: 089 651285-0
Fax: 089 652096

Die vorherigen Auflagen erschienen im Redline Verlag unter dem Titel *Protokollführung leicht gemacht.*

Satz: HJR, Manfred Zech, Landsberg am Lech
Druck: Konrad Triltsch, Ochsenfurt
Printed in Germany

ISBN 978-3-86881-322-7

Inhaltsverzeichnis

Einleitung

Als wir vor einigen Jahren unser erstes Fachbuch zum Thema Protokollführung verfassten, haben wir schon damals auf die besondere Bedeutung einer zeitsparenden Protokollierung bzw. dem effizienten Festhalten von Ergebnissen in unserer heutigen Informationsgesellschaft hingewiesen. Sitzungen, Besprechungen, Meetings und Konferenzen sind mittlerweile nicht weniger geworden. Und die Informationsflut an „effizienten" Berichten und Protokollen ist ebenfalls nicht geringer geworden – ganz im Gegenteil!
Ein wesentliches Anliegen dieses Buches ist es daher, das Protokoll als Arbeitsmittel sinnvoll zu nutzen und gleichzeitig nicht auf die Empfängerfreundlichkeit zu verzichten. Denn gerade in der Protokollführung gelten traditionelle Grundsätze nach wie vor: je nach gefordertem Umfang des Protokolls soll der Inhalt der Sitzung möglichst wahrheitsgetreu, sachlich, neutral und umfassend wiedergeben werden. Wichtiges soll dabei sofort erkenntlich sein.
Die positive Resonanz aus der Praxis und die große Nachfrage nach unseren Protokoll-Ratgebern haben uns gezeigt, dass eine professionelle Protokollführung immer mehr zu den bedeutenden und unverzichtbaren Werkzeugen im Berufsalltag zählt. Wir haben deshalb die Inhalte aktualisiert und an den Bedarf, den wir in all unseren Seminaren und Vorträgen zu diesem Thema festgestellt haben, angepasst. Weitere nützliche Praxistipps für Sie als Protokollführer sind dazugekommen.
Dieses Buch soll Ihnen daher einen größtmöglichen Nutzen bieten:

- um Protokolle in Zukunft effizienter zu gestalten
- um Ihnen einen genauen Überblick über die aktuellen Regeln der Protokollführung zu geben
- damit Ihre Protokolle auch wirklich gelesen werden
- um die Kultur der schriftlichen Kommunikation in Ihrem Unternehmen zu verbessern
- damit Sie beim nächsten Protokolltermin Zeit und Nerven sparen
- um Ihre Sicherheit und Kompetenz in allen Bereichen der Protokollierung zu erhöhen.

Verwenden Sie unser Fachbuch aktiv: Lesen Sie es nicht nur, sondern arbeiten Sie die für Sie besonders wichtigen Teile durch und nehmen Sie es immer wieder dann zur Hand, wenn wieder das Protokollführen auf Ihrem Arbeitsplan steht.
Damit wünschen wir Ihnen ganz besonders, dass dieses Buch zu Ihrem persönlichen und beruflichen Erfolg beiträgt!

Gabriele Schranz/Gabriele Cerwinka

PS: Zum Schluss möchten wir darauf hinweisen, dass aus Gründen der guten Lesbarkeit auf die Nennung jeweils beider Geschlechtsformen verzichtet wurde. Selbstverständlich ist auch immer die Leserin, die Protokollführerin usw. gemeint.

TEIL 1: Allgemeines

1.1 Die Zwei-Tages-Analyse

Prüfen Sie einmal zwei Tage lang den Inhalt aller schriftlich weitergegebenen Informationen in Ihrem Arbeitsbereich! Und wie spielt sich schriftliche Kommunikation in Ihrem Unternehmen grundsätzlich ab?
Untersuchen Sie alle in Berichtform abgefassten Informationen wie:

- Protokolle
- Aktennotizen
- Vermerke
- Kurzberichte
- Telefonnotizen
- Gesprächs- und Besprechungsnotizen etc.

Checkliste	**Ja**
1. Müssen Sie manche Informationen zweimal lesen?	❑
2. Sind die Informationen oft unvollständig, fehlen etwa wichtige Fakten, Namen und Daten?	❑
3. Enthalten die Schriftstücke umständliche Formulierungen und überflüssige Floskeln?	❑
4. Wandert manches ungelesen in den Papierkorb?	❑
5. Werden oft subjektive Meinungen und Vermutungen wiedergegeben?	❑
6. Lässt sich schwer unterscheiden, was Fakten und was Vermutungen sind?	❑
7. Wird einiges wiederholt bzw. doppelt erwähnt?	❑
8. Enthalten Besprechungsnotizen oft keine oder mangelhafte Angaben über Ergebnisse und Maßnahmen?	❑
9. Wird das von der Sekretärin geschriebene Protokoll im Nachhinein vom Chef sowieso verbessert bzw. großteils neu diktiert?	❑

10. Diktieren einzelne Sitzungsteilnehmer im Nachhinein ihre eigenen Stellungnahmen ins Protokoll?	❑
11. Ist bei Besprechungen oft unklar, wer mitschreibt, oder wird derjenige erst im Nachhinein bestimmt?	❑
12. Wird aus mehreren Teilmitschriften ein Protokoll zusammengefügt?	❑
13. Wird die so entstandene Niederschrift von einer anderen Person überarbeitet?	❑
14. Schreiben bei wichtigen Meetings oft hoch bezahlte Mitarbeiter (in Langschrift oder auf Laptop) mit?	❑
15. Gibt es zwar eigens abgestellte Protokollführer, die aber von der Thematik der Verhandlung/Sitzung wenig Ahnung haben und daher überfordert sind?	❑
16. Läuft bei Konferenzen ein Tonband mit? Wird der Text dann gekürzt im Protokoll wiedergegeben?	❑
17. Werden Protokolle geschrieben, um zu beeindrucken, statt etwas auszudrücken?	❑

Wenn Sie mehrere Punkte angekreuzt haben, ist es sicher an der Zeit, die schriftlichen Informationen in Ihrem Arbeitsalltag zu optimieren. Und genau hier sollen Sie die folgenden Kapitel unterstützen.

1.2 Wozu ein Protokoll?

Sicher ist Ihnen das Problem nur allzu bekannt: Führungskräfte verlieren wertvolle Zeit beim Lesen von umfangreichen Informationen. Viele von uns vermissen mehr Effizienz in der schriftlichen Kommunikation!

Besprechungen sind deshalb oft ineffizient, weil Ziele, Ergebnisse und Maßnahmen nicht ausreichend festgehalten bzw. verwaltet werden. So geht wertvolle Arbeitskraft verloren und dynamische Managementstrategien verlaufen ins Leere. Die Qualität so mancher Entscheidungsprozesse in Unternehmen hängt zu einem Großteil von funktionierenden Sitzungs- und Protokollstrukturen ab. Ein Protokoll ist auch mehr als reine Dokumentation, da es als Beweis vor Gericht ebenso gelten kann wie bei unternehmensinternen Recherchen.

Gehen Sie daher als Protokollführer bewusst mit dieser Tatsache an das Werk. Durch eine **wertfreie und exakte Wiedergabe** von Vorgängen und Beschlüssen kann all das verhindert werden!
Bedeutende Gespräche und Vorgänge richtig in Protokollform verpackt, spart viel Zeit und Kraft – Sie haben damit Zugriff auf die wichtigsten Informationen!

Wozu brauchen Sie gute Protokolle?

- **als Urkunde:** ist in manchen Fällen gesetzlich vorgeschrieben
- **als Information:** für alle Nichtanwesenden und für „Vergessliche"
- **als Ergebnisliste:** Zusammenfassung aller Ergebnisse und Maßnahmen, die auch durch die Unterschriften der Teilnehmer bestätigt werden
- **als Dokumentation:** die gesamte Besprechung wird so dokumentiert und „gespeichert"
- **als Grundlage zur weiteren Bearbeitung:** die Kompetenzen werden klar festgelegt, dient als Unterlage für die nächste Sitzung
- **als Beweis bzw. als Dokumentation** des genauen Verlaufes: bei wichtigen Rechtsgeschäften unerlässlich, Beweismittel im Strafverfahren etc.
- **als Analysehilfe:** Grundlage für weitere Veranstaltungen, zur effizienteren Gestaltung von Meetings u. Ä., auch zur Personalbeurteilung

Gute Protokolle sind daher auch ein wichtiges Führungsmittel. Sie helfen den Entscheidungsträgern, die richtigen Entscheidungen zu treffen.

Ein effizienter Protokollstil prägt darüber hinaus die Kultur eines Unternehmens – er prägt das Image und spiegelt Strategie und Taktik des Managements wider!

Was wird von einem guten Protokoll erwartet?

- die Sicherung wichtiger Informationen
- die Information aller Besprechungsteilnehmer
- die Information Außenstehender

Darüber hinaus soll es:

- als Beweismittel bestehen können
- unparteiisch sein

- vollständig und richtig sein
- klar und eindeutig zu verstehen sein
- zweckmäßig gegliedert sein
- übersichtlich sein
- effizient im Erfassen des Wesentlichen sein
- sprachlich einwandfrei sein
- eine wichtige Arbeitshilfe sein
- eine Dokumentation des Ablaufes und der Anwesenden sein
- den Verfasser erkennen lassen

1.3 Wann ein Protokoll?

Anlässe, um ein Protokoll zu verfassen, gibt es in jedem Unternehmen viele – nicht nur wichtige Sitzungen und Konferenzen sollten schriftlich festgehalten werden. Gespräche mit Kunden, Mitarbeitern, Behörden etc. dienen nur dann dem Gesamterfolg, wenn die wichtigsten Fakten und Ergebnisse auch schriftlich festgehalten und somit nachvollziehbar sind.
Zumindest eine kurze Gesprächsnotiz sollte jedem wichtigen Gespräch folgen – auch das ist Protokollführung! Für Gesprächsnotizen u. Ä. sind die gleichen Prinzipien anzuwenden wie für Protokolle.
Ausführliche Verlaufsprotokolle werden meist nur mehr in den Spitzen der Wirtschaft, der Verwaltung und der Politik verfasst – trotzdem gelten die gleichen Regeln wie für einfache Ergebnisprotokolle.

Hier einige Anlässe der Protokollführung:

- Besprechungen
- Sitzungen, Meetings
- Konferenzen
- Verhandlungen
- wichtige Telefongespräche
- Vorträge
- Referate mit anschließender Diskussion
- mündliche Vereinbarungen über strittige oder bis dahin ungeklärte Sachverhalte

- Besprechungen mit amtlichen Stellen
- Sachverhalte, die Eingang in Akten finden sollten
- Vorfälle oder Gespräche, die in die Personalakte von Mitarbeitern gehören
- Vereinssitzungen

1.4 Spannungsfeld Protokoll

Um ein gutes Protokoll zu verfassen, müssen viele Interessen „unter einen Hut“ gebracht werden. Viel Diplomatie, Geschick im Umgang mit der richtigen Sprache und ein scharfer Blick für das Wesentliche sind dabei notwendig.

Sitzung	**Protokoll**
• Es wird viel geredet.	• Es soll knapp und klar sein.
• Alle reden gleichzeitig.	• Es muss der Wahrheit entsprechen.
• Emotionen werden laut	• Es muss objektiv sein.
• Vieles ist unwichtig.	• Es soll nur das Wesentliche enthalten.
• Manches gehört nicht zum Thema	• Es soll nur Tatsachen enthalten.
• Jeder Teilnehmer will gut wirken	• Es soll keine Vermutungen und Gefühle enthalten.

1.5 Verschiedene Arten von Protokollen

Protokolle im engeren Sinn lassen sich unterscheiden nach:

Wortprotokoll oder Vollprotokoll

Hier wird jede Wortmeldung dokumentiert. Der Verlauf einer Sitzung oder einer Debatte wird wörtlich wiedergegeben. Stilistische Korrekturen sind erlaubt. Es werden aber auch Zwischenbemerkungen und Zwischenrufe festgehalten.
Der Protokollführer muss sich dabei sehr konzentrieren. Deshalb erfordert Protokollführung eine sehr hohe Schreibgeschwindigkeit und/oder gute

Stenografiekenntnisse. Hier ist ein Tonbandmitschnitt hilfreich. Die Teilnehmer müssen aber ausdrücklich informiert werden, dass ihre Wortmeldungen aufgezeichnet werden, und sie müssen ihre Einwilligung dazu erteilen. Diese Protokollform erfordert einen besonders großen Arbeitsaufwand und ist daher nur in bestimmten Fällen gerechtfertigt, zum Beispiel bei Gerichtsverhandlungen, politischen Debatten, Verhören, Gründerversammlungen, Generalversammlungen etc.

Verlaufsprotokoll oder Diskussionsprotokoll

Der gesamte Verlauf einer Verhandlung wird wiedergegeben, jedoch nicht wörtlich, sondern sinngemäß. Die wesentlichen Ausschnitte einer Verhandlung oder Besprechung werden in gekürzter Form dargestellt. Der Gang der Verhandlung ist dabei wichtig, die Argumente, auf denen die Entscheidungen beruhen, sollen festgehalten, eine Übersicht über den Sitzungsablauf gegeben werden. Der Ablauf wird strukturiert und konzentriert festgehalten. Wiederholungen und Nebensächliches können weggelassen werden.
Der Protokollführer muss die Fähigkeit besitzen, jederzeit die Übersicht zu bewahren, Wesentliches herauszuschälen und mit der nötigen Sprachgewandtheit zu Papier zu bringen. Der Leser soll erkennen: Was spricht für eine geplante Entscheidung und warum? Was spricht gegen eine bestimmte Argumentation und warum? Was konnte geklärt werden? Was ist noch offen? Wo gab es Übereinstimmungen, wo kam es zu Differenzen?
Diese Protokollform ist überall dort geeignet, wo eine gewisse Beweiswirkung notwendig ist, ein wörtliches Protokoll aber den Rahmen sprengen würde und auch zu umständlich zu lesen wäre. Besonders beliebt ist diese Form bei Haupt- und Delegiertenversammlungen, Verwaltungsratssitzungen und bestimmten Arbeitssitzungen.

Ausführliches Ergebnisprotokoll

Dabei handelt es sich um eine geraffte Wiedergabe aller wesentlichen Beiträge, die zum Gesamtergebnis führen. Das ausführliche Ergebnisprotokoll ist noch kürzer, strukturierter und konzentrierter als das Verlaufsprotokoll. Der Protokollführer entscheidet dabei schon während der Sitzung, wie umfangreich sein Protokoll wird, was wichtig ist und was nicht erfasst wird. Er muss rasch erkennen, welche Verhandlungsgegenstände, Anträge, Dis-

kussionsbeiträge, Mitteilungen und Beschlüsse für das Besprechungsergebnis wichtig sind und welche nur unnötigen „Ballast“ darstellen. Ein Außenstehender sollte im Nachhinein in der Lage sein, die Argumente und Hintergründe, die zur Beschlussfassung geführt haben, nachzuvollziehen und zu erkennen.
Diese Form der Protokollführung verlangt vom Protokollführer zum Teil einen wesentlich größeren Zeitaufwand als die ausführlicheren Formen. Er muss im Nachhinein genauer auf die geraffte und konzentrierte Form achten. Wegen der gerafften Form ist diese Protokollart sehr häufig anzutreffen. Viele Konferenzen, Versammlungen, Vereins- und Arbeitssitzungen werden so protokolliert.

Ergebnisprotokoll oder Beschlussprotokoll

Ein Ergebnis- oder Beschlussprotokoll (siehe dazu auch Punkt 4.4) enthält ausschließlich Ergebnisse, Beschlüsse und Entscheidungen. Die Umstände, die zu diesen Ergebnissen geführt haben, werden nicht erwähnt. Wichtig sind dabei auch die Aufgabenverteilungen und Aufträge: Wer macht was bis wann? Wie geht es konkret weiter?
Sind die Hintergründe einer Beschlussfassung nicht entscheidend für die weitere Bearbeitung, sondern geht es viel mehr um die Umsetzung, so ist diese Form geeignet; ebenso wenn die Geschäftsordnung lediglich ein Beschlussprotokoll vorsieht.
Die Effizienz steht hier im Vordergrund. Das Ergebnisprotokoll ist eine zeitsparende und daher kostengünstige Form des Protokollierens. Ein hohes Maß an Standardisierung macht den Aufwand für den Protokollführer kleiner (siehe dazu auch Punkt 2.4).
Bei vielen betriebsinternen Meetings ist diese Form beliebt, da sie der allgemeinen Informationsflut entgegenwirkt.

Gedächtnisprotokoll

Durch ein Gedächtnisprotokoll wird der Sitzungsverlauf nachträglich festgehalten. Die Beweiskraft dieser Protokollform ist daher sehr eingeschränkt, sie dient mehr der persönlichen Dokumentation. Was wem im Gedächtnis geblieben ist, sieht oft sehr unterschiedlich aus. Daher ist diese Protokollierungsart eine sehr subjektive. Sie wird dort eingesetzt, wo im Voraus kein

Protokollführer festgelegt wurde und sich ein Gespräch erst im Nachhinein als „dokumentierungswürdig" herausstellt.

Kurzprotokoll

Ein Kurzprotokoll (siehe dazu auch Punkt 4.1) enthält nur kurze Angaben zum Inhalt einer Sitzung und deren Ergebnissen. Es handelt sich dabei um eine etwas verkürzte Form des ausführlichen Ergebnisprotokolls. Festgehalten werden der derzeitige Stand der Dinge, die weitere Vorgangsweise und die Zuteilung der Aufgaben und Termine. Der Schwerpunkt liegt also auch hier bei den Ergebnissen und Beschlüssen.
Ein Außenstehender kann aber bei wichtigen Punkten auch nachvollziehen, wie es zu diesen Beschlüssen gekommen ist.
In der Praxis treffen wir auf viele Mischformen. Das Protokoll soll ja möglichst gut an die jeweiligen Bedürfnisse angepasst werden. Welche Form gewählt wird, hängt von den Zielen ab, die ich mit der Protokollierung verfolge:

- Wer liest das Protokoll?
- Wie wichtig ist der Anlass?
- Welche Beweiskraft ist erforderlich?
- Was soll auch von Außenstehenden genau nachvollzogen werden können?
- Wozu dient das Protokoll noch?

Ebenfalls **in Protokollsprache abgefasste Berichte**:

Telefonnotiz

Sie enthält alle Fakten und Ergebnisse wichtiger Telefonate. Oftmals wird eine Telefonnotiz im Nachhinein, aus dem Gedächtnis abgefasst. Wichtige Fakten sollten jedoch unbedingt schon während des Telefonates mitnotiert werden. Entsprechende Vordrucke sind dabei hilfreich, um alle wesentlichen Informationen auch in Stresssituationen festzuhalten und nützliche Angaben nicht zu übersehen.

Aktennotiz

Entscheidungen, Tatsachen und Ergebnisse werden nachträglich in einer Aktennotiz (siehe dazu auch Punkt 4.5) festgehalten. Meist geht es dabei um betriebsinterne Inhalte, die auf Vordrucken oder auf Dokumentvorlagen im PC nach eigenem Gutdünken verfasst werden. Sie sollten nicht zu umfangreich sein und nur die wesentlichsten Punkte enthalten.

Aktennotiz in Personalakten

Einen bestimmten Mitarbeiter betreffende Tatsachen und Gesprächsergebnisse werden in seiner Personalakte vermerkt. Diese Notiz dient der Beweislage bei der Beurteilung von Mitarbeitern. Entscheidend für die Aussagekraft ist, dass es sich um eine möglichst neutrale Formulierung des zu dokumentierenden Tatbestandes handelt.

Besprechungsnotiz

Die Ergebnisse eines Gesprächs im kleinen Kreis werden nachträglich schriftlich in Form einer Besprechungsnotiz (siehe dazu auch Punkt 4.5) zusammengefasst. Sie dienen rein als „Erinnerungsstütze" und haben keinen offiziellen Charakter:

- **Vermerke und Einträge** in Kundendateien
- **Einträge** in Patientendateien bei Ärzten, Tierärzten, Therapeuten, in Ambulanzen, bei Visiten im Krankenhaus
- **Berichte als Grundlage bei Arbeitsübergabe** von Time-Sharing-Arbeitsplätzen, Schichtarbeit, in Call-Centers
- **Vortragsniederschrift, Veranstaltungsberichte** (z. B. das Festhalten von Vorträgen oder Referaten – mehr oder weniger ausführlich, je nach Bedarf.)

Alle Arten von Protokollen enthalten Ergebnisse und Maßnahmen sowie die zugehörigen Termine und verantwortlichen Personen.

Anmerkung: Die Form des wissenschaftlichen Protokolls, bei dem ein Versuch, eine Versuchsreihe oder eine Lehrveranstaltung dokumentiert wird, stellt eine sehr ausführliche und genaue Form der Wiedergabe dar, die eigenen Gesetzen folgt. Aus diesem Grund wird in diesem Buch das so genannte wissenschaftliche Protokoll nicht behandelt .

TEIL 2: Vorbereitung der Protokollerstellung

Klare Richtlinien zur Protokollerstellung schaffen Überblick und Sicherheit in Ihrem Unternehmen. Der folgende Teil soll Ihnen helfen, die geeigneten Rahmenbedingungen für eine problemlose schriftliche Kommunikation in Protokollform zu schaffen.
Wenn Sie sich einige Punkte im Vorhinein überlegen und ausarbeiten, sparen Sie im Bedarfsfall viel Zeit und vermeiden unangenehme Überraschungen.

2.1 Wer ist Protokollführer?

Protokollführung ist eine Stabsaufgabe. Überlegen Sie vorher, wer dafür in Ihrem Unternehmen geeignet ist.
Die folgende **Checkliste** soll Ihnen dabei helfen:

Checkliste	
Ein guter Protokollführer sollte:	**Ja**
über gute Deutschkenntnisse verfügen	❑
sicher in Grammatik, Rechtschreibung und Zeichensetzung sein	❑
Protokollstil und Protokollsprache beherrschen	❑
Gesprochenes in Geschriebenes umsetzen können	❑
über geistige Beweglichkeit verfügen	❑
über Sachkenntnis verfügen	❑
Thematik, Probleme und Ziele der Sitzung kennen	❑
Einfühlungsvermögen besitzen	❑
den Teilnehmerkreis kennen	❑
Stenografie beherrschen oder schnell in Langschrift bzw. auf dem Laptop mitschreiben können	❑

über eine gute Konzentrationsfähigkeit verfügen	❑
Verantwortung tragen können – das Protokoll wird von ihm unterschrieben	❑
unbeeinflussbar sein	❑
unparteiisch sein	❑
beurteilen können, was wesentlich und was unwesentlich ist	❑

Protokollführung ist eine oft unterschätzte Leistung.
Vermeiden Sie Notlösungen!

Kennen Sie folgende Situationen?

ÜBUNG

Fall 1:
Eine Sitzung steht bevor – der Einkauf und der Verkauf sollen miteinander abgestimmt werden, da einige wichtige logistische Änderungen anstehen. Von fast allen Seiten sind Widerstände zu erwarten. Außerdem verlaufen Sitzungen mit dem Einkaufsleiter, Herrn Kollerik, und dem Verkaufschef, Herrn Tober, sowieso immer sehr heftig! Natürlich weigert sich wieder einmal jeder angesprochene Mitarbeiter, Protokoll zu führen.
Was tun?
Ach ja, es gibt ja noch Frau Tüchtig, die neue Sekretärin vom Chef! Die kann das sicher, sie ist perfekt in Stenografie und Stilfragen. Das ist die Lösung – oder?

Wo sehen Sie Probleme?
Ihre Bedenken:

....

....

....

....

Oder folgende Situation:

Fall 2:
Nächste Woche findet das große Außendienstleiter-Meeting statt. Eine völlige Neuorganisation des Außendienstes soll dabei beschlossen werden. Einige werden wieder dagegen sein, aber letztendlich werden schon alle zustimmen. Ein gutes Protokoll ist wichtig, aber leider ist Frau Schreiber, die diese Aufgabe sonst immer wahrnimmt, im Krankenstand.
Sofort meldet sich Herr Weiß, ein junger, tüchtiger und aufstrebender Mitarbeiter, freiwillig. Er ist mit der Materie bestens vertraut, schließlich hat er die Konkurrenzanalyse in diesem Zusammenhang erstellt.
Dass er kaum Stenografie beherrscht, macht er schon irgendwie wett – er ist noch immer mit jeder neuen Situation zurechtgekommen!

Was wird passieren?
Ihre Bedenken:

....

....

....

....

Lösungshinweise der Autorinnen:

Zu Fall 1:
Mitarbeiter, die mit einer Materie nicht vertraut sind, werden hoffnungslos überfordert!
Außerdem ist es fast unmöglich, eine heiße Diskussion schriftlich wiederzugeben, wenn der Protokollführer in die Thematik nicht eingearbeitet ist und die Sitzungsteilnehmer nicht kennt.

Zu Fall 2:
Ein hoch qualifizierter Mitarbeiter, der mit der Materie bestens vertraut ist, ist ebenfalls falsch eingesetzt. Seine wertvollen Diskussionsbeiträge gehen so verloren.

Außerdem ist die Gefahr groß, dass er sich zu sehr vom Gespräch mitreißen lässt und das Mitschreiben vergisst. Sicher hat er auch eine sehr gefestigte Meinung zu diesem Thema – ist er da noch objektiv genug?
Auch mit mangelhaften Stenografiekenntnissen wird er sich sicher zusätzlich schwer tun.

2.2 Voraussetzungen für ein gutes Protokoll

Gehen wir nun davon aus, dass der ideale Protokollführer gefunden ist, gehen wir weiter davon aus, dass Sie diese Person sind – jetzt gilt es noch, einige wichtige Punkte **zur guten Vorbereitung abzuklären:**

- **Haben Sie schon frühere Protokolle zu dieser Art Sitzung gelesen?** Nur so machen Sie sich mit der Art und Weise, wie in Ihrem Unternehmen Protokoll geführt wird, vertraut. Beispiele helfen gerade am Anfang sehr.
- **Wissen Sie über das Thema der Sitzung genau Bescheid?** Sie sollten mit dem Verhandlungsgegenstand vertraut sein und die wesentlichen Fachausdrücke kennen. Wenn Sie sich für das jeweilige Sachgebiet auch noch persönlich interessieren, ist das sicher ein Vorteil.
- **Kennen Sie die Verhandlungs- oder Sitzungsteilnehmer?**
  - Informieren Sie sich zumindest über Namen, Titel und Positionen all jener, die an der Sitzung teilnehmen.
  - Informieren Sie sich über deren Sachkenntnisse, Interessen und Ziele.
  - Wer hat welche Entscheidungsbefugnis? Inwieweit sind die einzelnen Teilnehmer von etwaigen Beschlüssen betroffen?
  - Je mehr Sie auch über persönliche Merkmale und den Verhandlungsstil der Teilnehmer wissen, desto besser!
- **Kennen Sie die Tagesordnung?**
  Sie sollten alle Punkte, die in der Sitzung behandelt werden, in ihrer Reihenfolge kennen.
  Üblich ist meist eine Einteilung in:
  - Anträge bzw. Präsentation
  - Beiträge einzelner Teilnehmer
  - Diskussion
  - Beschlüsse

- **Wissen Sie über die Geschäftsordnung Bescheid?**
  Die Geschäftsordnung legt die Art und Weise, wie die einzelnen Tagesordnungspunkte behandelt werden, fest:
  - Unter welchen Voraussetzungen kann ein Beschluss gefasst werden?
  - Welche Mehrheiten sind dafür notwendig?
  - Gibt es Redezeitbeschränkungen?
  - Wann kann jemandem das Wort entzogen werden?
  - Ist eine namentliche Abstimmung vorzunehmen?
- **Besitzen Sie alle notwendigen Vorinformationen?**
  Nur das entsprechende „Insiderwissen“ ermöglicht es Ihnen, Wichtiges von Unwichtigem zu trennen.
- **Kennen Sie die erforderlichen formalen Richtlinien?**
  - Wie wird ein Protokoll abgefasst?
  - Was steht am Beginn, was am Ende des Protokolls?
  - Wie werten Sie die Mitschrift zum Protokoll aus?
  - Wer hat zu unterschreiben?
  - Wie lautet der Verteiler?
- **Können Sie ein Tonband mitlaufen lassen?**
  (siehe dazu auch Punkt 2.5)
- **Schreiben Sie gleich direkt auf dem Laptop mit?**
  (siehe dazu auch Sofortprotokoll, Punkt 4.2)
- **Haben Sie auch die nötige Zeit?**
  Möglichst gleich im Anschluss an die Sitzung sollten Sie ungestört arbeiten können, um das Protokoll zu erstellen.
  Sie benötigen Zeit, um sich in Ruhe mit den Inhalten des Protokolls nochmals auseinanderzusetzen. Je länger eine Sitzung zurückliegt, desto weniger sind Ihnen wichtige Details noch im Gedächtnis.
  Planen Sie also Ihren Zeitbedarf **gleich im Anschluss** an die Sitzung!

Checkliste Vorbereitung	
1. Richten Sie den Laptop, Stromkabel, Disketten etc. her.	❑
2. Oder sorgen Sie für genügend Schreibmaterial etc.	❑
3. Nehmen Sie für jeden Tagesordnungspunkt ein neues Blatt, das sorgt für Übersichtlichkeit.	❑
4. Nummerieren Sie die Blätter.	❑
5. Legen Sie ein separates Blatt mit persönlichen Notizen an, am besten in einer anderen Farbe.	❑
6. Schreiben Sie bei großen Tagungen die Sitzordnung auf oder bereiten Sie ein Blatt vor, in das Sie die Personennamen während der Sitzung nur eintragen brauchen.	❑
7. Überlegen Sie sich für jeden Namen eine Abkürzung oder Nummer – schreiben Sie sie auf Ihren Sitzordnungsplan oder prägen Sie sich diese ein.	❑
8. Lassen Sie sich auch für die einzelnen Themen bzw. Tagesordnungspunkte Abkürzungen einfallen.	❑
9. Machen Sie sich mit den Räumlichkeiten vertraut.	❑
10. Liegen die Teilnehmerunterlagen auf?	❑
11. Wo können die Sitzungsteilnehmer in Ruhe telefonieren?	❑
12. Wird aus mehreren Teilmitschriften ein Protokoll zusammengefügt?	❑

Noch einige Tipps aus der Praxis:

- **Zu den Blättern für persönliche Notizen:**
  Eine andere Blattfarbe erleichtert den raschen Zugriff während der Sitzung.
  Notieren Sie darauf Unklarheiten oder schlecht verstandene Textstellen, Widersprüchliches, Anträge und Beschlüsse, deren genauen Wortlaut Sie später eruieren müssen. Beseitigen Sie alle diese Unklarheiten möglichst gleich im Anschluss an die Sitzung oder noch während der Pausen – je früher, desto leichter!

- **Zu den Räumlichkeiten:**
  Eine genaue Ortskenntnis verschafft Vorsprung – einprägen, wo beispielsweise der Vorsitzende und wo Sie sitzen werden. Genügend Platz für sich selbst sichern – für Ordnung und bequemen Zugriff sorgen (Es kann äußerst unangenehm sein, wenn ein anderer Teilnehmer Ihre Mitschrift einsteckt!).
- **Sitzungsteilnehmer genau einprägen:**
  – „Eselsbrücken" schaffen
  – Auffälligkeiten vermerken
- **Anträge und Beschlüsse:**
  Schreiben Sie immer wörtlich und sehr genau mit!
- **Rednerwechsel:**
  Lassen Sie nach der Wortmeldung zwei Zeilen frei,
  dann wird die Abkürzung für den neuen Redner vermerkt,
  in der nächsten Zeile seine Wortmeldung erfasst – das schafft Raum für spätere Notizen!

Das Wesentliche herausfiltern

- Üben Sie sich beim Herausfiltern der wesentlichen Fakten im aktiven Zuhören: Der Zuhörer ist Empfänger einer Botschaft, nicht deren Sender!
- Achten Sie auf die **Betonung**, **Mimik und Gestik**; denn **Sie hören auch mit den Augen!**
- Verwenden Sie visuelle Gedächtnisstützen: besonders wichtig bei **visuellen Typen**, **akustische Typen** merken sich Gehörtes leichter.
- Gehen Sie **objektiv**, ohne vorgefasste Meinungen in die Sitzung.
- Bewahren Sie den **Überblick**, auch wenn noch so viele durcheinander reden.
- Auch wenn es diese aktive Form des Zuhörens schwierig macht: Lassen Sie sich nie von Emotionen hinreißen - bleiben Sie immer in der Position des **objektiven Beobachters**!
- Benutzen Sie sinnvolle **Abkürzungen**, die auch später noch verständlich sind: Schreiben Sie einsilbige Wörter am besten aus (z. B. Norm, Rat).
  – Überflüssige Buchstaben können weggelassen oder ersetzt werden (z. B. Ergebnis = Erg., Abkürzung = Abk., etc.)

  - Artikel werden bei der Mitschrift nur angedeutet (der, die, das = d.; ein(e) = e.)
  - Offizielle Abkürzungen werden beibehalten (z. B. EU, UNO, UNIDO, NATO, etc.)
  - Bekannte Abkürzungen nutzen (z. B. IT, EDV, ZBB, etc.)
- **Gehen Sie auf den Sprecher ein** – welche Stellung hat er, welche Machtposition, welche Ziele verfolgt er? Was meint er mit dem Gesagten wirklich?
- Lassen Sie sich durch die gute Rhetorik eines Einzelnen nicht blenden – **reduzieren Sie das Protokoll auf den Sachgehalt**.
- Auch unscheinbare Wortmeldungen können **Wesentliches** enthalten.
- **Wonach Sie Wesentliches herausfiltern:**
  - Wer
  - Was
  - Wann, bis wann
  - Wie (nicht unbedingt warum!)
  - Wo
  - Wohin ist das Ergebnis zu melden?

Und alle diese Punkte sollten in die Zukunft gerichtet sein, nicht die Vergangenheit darstellen und rechtfertigen.

2.3 Der Zeitbedarf

Eine Tatsache wollen wir Ihnen nicht länger verheimlichen:

Ein gutes Protokoll zu erstellen, ist durchaus aufwendig und kann unter Umständen auch sehr viel Zeit in Anspruch nehmen.

Um den genauen Zeitbedarf besser planen zu können, sollten Sie folgende Checkliste durchgehen:

Checkliste Zeitbedarf	Ja
1. Wie lange dauert die Sitzung voraussichtlich?	❑
2. Sind die behandelten Themen schwierig?	❑
3. Habe ich nur noch wenig Routine im Protokollführen?	❑
4. Bin ich mit den Themen und den Unternehmenszielen noch nicht so vertraut?	❑
5. Benötige ich daher eine umfangreiche Einarbeitungszeit?	❑
6. Kenne ich die Teilnehmer nicht oder nur wenig?	❑
7. Haben die Teilnehmer erfahrungsgemäß eine schlechte „Redediszip-lin"?	❑
8. Sind meine Stenokenntnisse nicht so perfekt?	❑
9. Habe ich wenige oder keine technischen Hilfsmittel zur Verfügung (Tonband, Diktafon oder Laptop)?	❑
10. Kann ich kaum auf Protokolle vorangegangener Sitzungen als Beispiel zurückgreifen?	❑
11. Sind erfahrungsgemäß umfangreiche Beilagen erforderlich?	❑
12. Ist die Abstimmung bei der Endredaktion meist schwierig?	❑
13. Müssen viele, oft schwer erreichbare Personen unterschreiben?	❑

Je mehr Fragen unserer Checkliste Sie mit Ja beantwortet haben, desto großzügiger sollte Ihre Zeitplanung aussehen.

Vermeiden Sie den Fehler, ausschließlich die Sitzungsdauer zu beachten. Vor allem die Vorbereitungszeit wird oft unterschätzt: Je besser vorbereitet Sie in die Sitzung gehen, desto schneller können Sie anschließend Ihre Mitschrift auswerten.
Alles in allem kann der gesamte Zeitaufwand das Doppelte bis Dreifache (!) der Sitzungszeit ausmachen!

Hier einige Richtlinien für Sie:

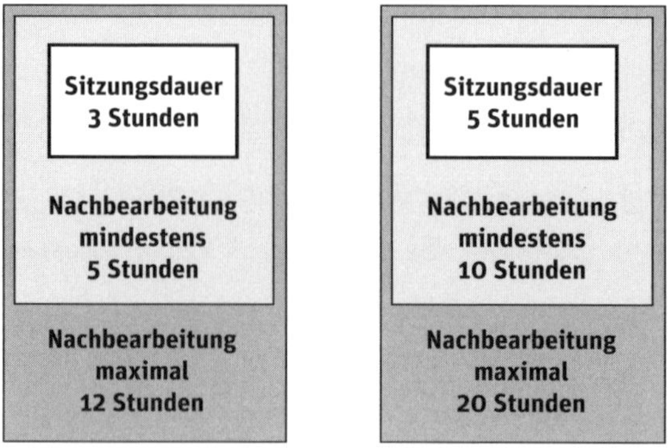

2.4 Protokollformular – standardisierte Formulare

Wie Sie in den vorangegangenen Kapiteln gesehen haben, kann die Erstellung eines guten, aussagefähigen Protokolls sehr viel Zeit und Mühe beanspruchen.

Manchmal genügt es auch, wenn nur die wichtigsten Punkte der Diskussion oder lediglich die Ergebnisse kurz dokumentiert werden (zum Beispiel im so genannten Ergebnisprotokoll, siehe dazu Punkt 1.5). Die einzelnen Wortmeldungen müssen in diesem Fall nicht exakt wiedergegeben werden.

Verwenden Sie dafür „Protokollformulare", die Sie nach eigenen Bedürfnissen und Layoutwünschen selbst anfertigen können. Die Gliederung ist dann vorgegeben, Sie füllen während der Sitzung beispielsweise auf dem Laptop nur mehr die einzelnen Rubriken aus.

Was so ein „Protokollformular" enthalten sollte:

- Thema der Besprechung
- Termin
- Teilnehmer
- Ziele der Besprechung
- eventuell Bemerkungen
- Ergebnisse/Maßnahmen
- Zuständigkeiten

- Termine zu den Maßnahmen
- Verteiler
- Beginn und Ende der Besprechung
- Schriftführer

Für viele kleinere Besprechungen ist diese Form der Dokumentation ausreichend – denn die wichtigsten Bestandteile jedes Protokolls sind enthalten:

- **das Ergebnis**
- **die Maßnahmen**
- **wer wann wofür zuständig ist**

2.5 Protokoll und technische Hilfsmittel

2.5.1 Protokoll und Tonband

Vorweg gesagt: Technische Hilfsmittel können keinen guten Protokollführer ersetzen.
Ein Tonband ist als *alleinige* Grundlage für ein Protokoll ungeeignet!
Selbst ein Anfänger in Sachen Protokoll

- setzt beim Mitschreiben automatisch Gesprochenes in Geschriebenes um;
- lässt Unwichtiges weg;
- notiert sich die Namen zu den Wortmeldungen.

Seine Mitschrift schafft ihm Überblick!
Bei streng geheimen Sitzungen darf meist sowieso nur ein beeideter Protokollführer mitschreiben.

Trotzdem kann ein Tonband zusätzlich sehr hilfreich sein, und zwar

- zum Auffüllen von Textlücken;
- zum Überprüfen, ob man alles Wesentliche festgehalten hat;
- als zusätzliche Dokumentation und als Beweis ist es manchmal sogar Vorschrift laut Satzung, ein Tonband mitlaufen zu lassen.

2.5.2 Protokoll und Laptop

Wir empfehlen die Verwendung eines Laptops, um gleich direkt auf standardisierten Formularen mitschreiben zu können (siehe Punkt 2.4). Diese Form ist gut einsetzbar bei Beschlussprotokollen oder ausführlichen Ergebnisprotokollen. Das Deckblatt wird vorgefertigt. Die einzelnen Tagesordnungspunkte können bereits vorbereitet und während der Sitzung ergänzt werden.

2.5.3 Protokoll und EDV-Unterstützung

Zu einem funktionierenden Protokollmanagement gehört neben einer effizienten Sitzungsvorbereitung auch eine übersichtliche Beschlussdokumentation. Wenn wir in unseren Seminaren die Teilnehmer nach ihren Beschlussdokumentationen fragen, zeigt sich, dass hier ein großer Bedarf nach befriedigenden Lösungen besteht. Meistens wird der erhebliche Aufwand beim Suchen von Beschlüssen oder das Problem geeigneter Suchkriterien angesprochen und damit im Zusammenhang die Unsicherheit darüber, ob das Suchergebnis vollständig ist.
Wir empfehlen Ihnen daher den Einsatz einer geeigneten Software, einer elektronischen Sitzungsdatenbank.

Die wesentlichen Vorteile, die sich für Sie daraus ergeben:

- Sie haben zu jeder Zeit sowohl Übersicht als auch Vollständigkeit.
- Die Suche nach Themen, Beschlüssen oder Terminen erfolgt zeitsparend und mühelos.
- Der Kommunikationsfluss innerhalb Ihrer Organisation kann besser gesteuert werden.
- Eine wirksame Kontrolle der Beschlussumsetzung wird möglich.
- Sitzungsvorbereitung und -durchführung werden standardisiert und automatisiert.
- Damit sparen Sie wertvolle Zeit und Geld.
- Gleichzeitig wird die Effizienz des Managements erhöht.

e-Sidat – elektronische Sitzungsdatenbank

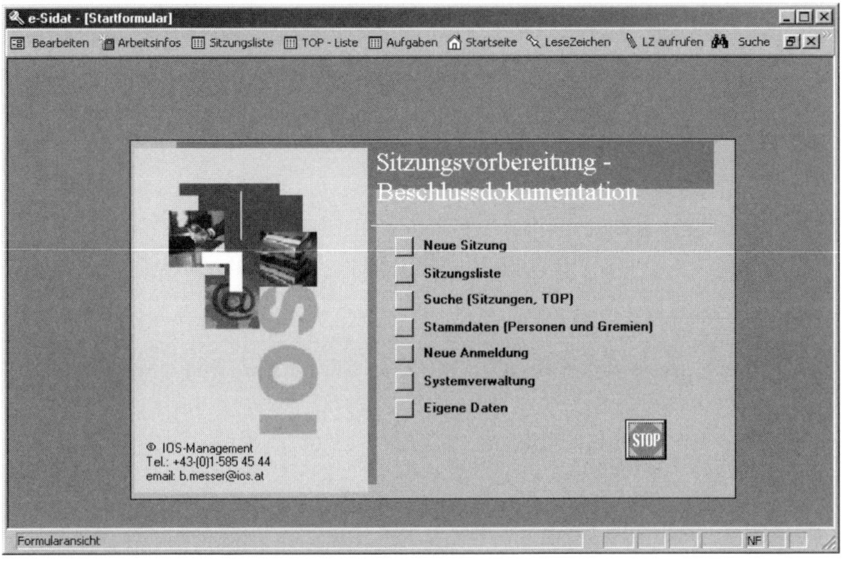

Aus unserer praktischen Erfahrung ist beispielsweise e-Sidat (elektronische Sitzungsdatenbank) von IOS-Management (www.ios.at) ein funktionierendes Beispiel einer derartigen Software. Hier handelt es sich um eine Datenbank zur laufenden Eingabe und Archivierung. In diese Datenbank können sämtliche Protokolle als Volltext integriert werden. e-Sidat beinhaltet alle Schritte von der Sitzungseinladung bis zur Verwaltung und Kontrolle der Beschlussumsetzung samt den erforderlichen Formularen.

Was kann die Datenbank e-Sidat von IOS im Einzelnen?

- Umfassende Korrespondenzverwaltung: Einladungen und Briefe erfolgen direkt aus dem System heraus, die Verwendung anderer Software-Programme ist nicht notwendig.
- Ausdrucke von Protokollen oder Beschlüssen sind auf Knopfdruck möglich. Das System integriert auch Layouts zum Ausdruck von sitzungsbezogenen Formularen (z. B. Sitzungsdaten, Teilnehmerlisten, Beschlusslisten usw.).

- Dadurch können unmittelbar nach Eingabe der Sitzungsdaten alle entsprechenden Formulare und Briefe ausgedruckt werden.
- Fehler bei der Übertragung von Daten (z. B. Vergessen einzelner Einladungen) sind weitgehend ausgeschlossen.
- Vermeidung von Datenredundanz und bessere Datenkonsistenz: Ändert sich z. B. die Adresse eines Sitzungsteilnehmers, wird diese Änderung in allen verknüpften Dateien durchgeführt. Benutzerfreundliche Eingabehilfen erleichtern das Arbeiten.
- Vermeidung von Fehleingaben durch Prüfroutinen.
- Durch die vollständige Eingabe aller Texte sind Volltextsuchen möglich.
- Genehmigte Protokolle werden gegen weitere Veränderung geschützt und stehen als „read-only"-Datei zur Verfügung. Sie bestimmen, wer welches Protokoll oder bestimmte Protokollteile online lesen kann.
- Automatische Terminevidenz zur Überwachung der Einzelaktivitäten von Beschlussumsetzungen.
- Mithilfe der integrierten Aufgabenliste werden die Betroffenen automatisch und zielgruppengenau über Ihre Aufgaben informiert.
  Für jeden Mitarbeiter bzw. jede Organisationseinheit werden Aufträge evident gehalten, noch offene Erledigungen können jederzeit abgerufen werden.
- Leistungsberichte (Quartalsberichte, Jahresberichte usw.) können durch die Verfügbarkeit der Daten mit verringertem Aufwand hergestellt werden.
- Die Erstellung eines Organisationshandbuches oder eines jederzeit aktuellen Arbeitsprogramms wird erleichtert, da bestimmte (z. B. dauernd wirksame) Beschlüsse problemlos abrufbar sind.

Vollansicht eines Tagesordnungspunktes: Beispiel einer TOP-Liste für den Bereich „Finanzen“:

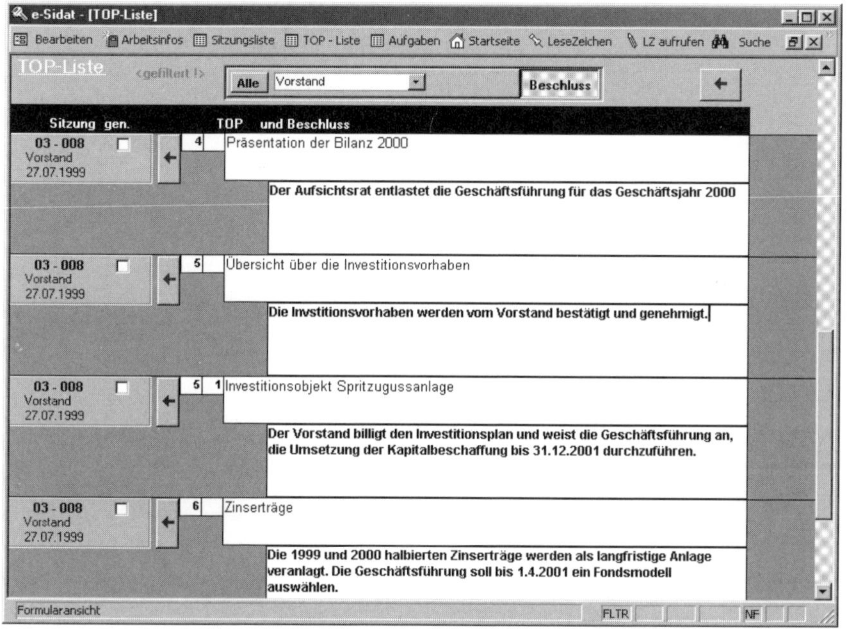

Beispiel einer TOP-Vollansicht eines bestimmten Tagesordnungspunktes:

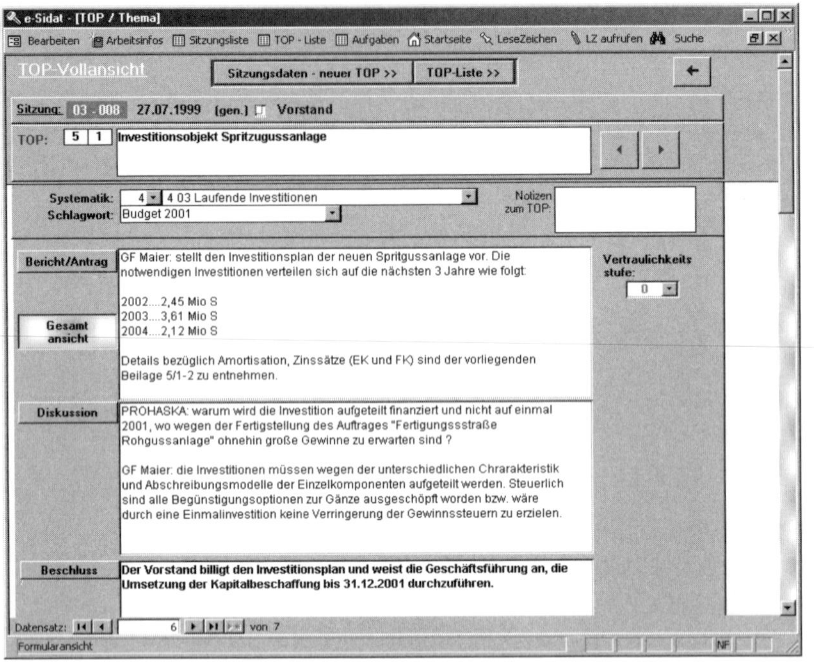

TEIL 3: Schritt für Schritt zum perfekten Protokoll

3.1 Formale Richtlinien

3.1.1 Der Protokollrahmen

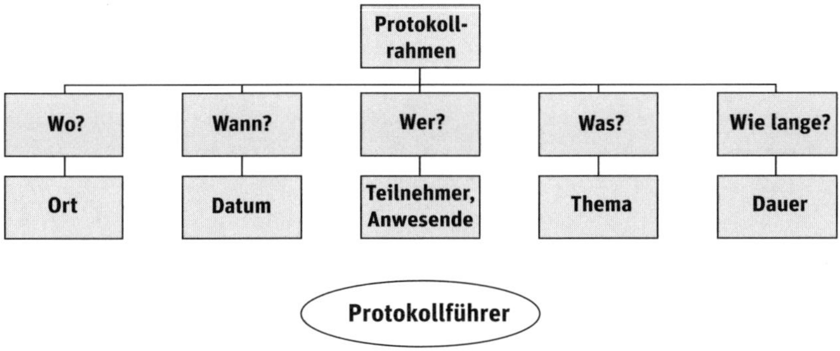

Zu einem guten Protokoll gehören zunächst ein passender Beginn und ein passendes Ende. Beide Teile bilden gemeinsam den „Protokollrahmen“, der das perfekte Protokoll perfekt umrahmt. Egal, welche Art von Protokoll Sie erstellen, der Protokollrahmen bleibt im Wesentlichen gleich.
Welche Punkte soll so ein Protokollrahmen enthalten?

- **Was wurde besprochen?**
  Das **Thema** und die **Art der Sitzung** sollten exakt festgehalten werden. Außerdem ist hier die **Tagesordnung** zu erwähnen oder, falls zu umfangreich, auf eine Tagesordnung als Beilage zu verweisen.
  Die einzelnen Tagesordnungspunkte sollten schon vor der Sitzung festgelegt und an alle Teilnehmer versendet werden.
- **Wann wurde besprochen?**
  Hierhin gehören Tag, Uhrzeit, Anfang und Ende der Sitzung.
  Soll der offizielle Charakter einer Besprechung betont werden, ist die genaue Zeit in Stunden und Minuten anzuführen, z. B.

Beginn: 9.05 Uhr
Ende: 16.39 Uhr

Ansonsten wird auf eine viertel oder halbe Stunde aufgerundet.

- **Wo wurde besprochen?**
  Der Ort der Verhandlung sollte durch die genaue Adresse und nähere Bezeichnung sowie durch die Angabe der Räumlichkeiten erfolgen, z. B.

  Hauptverwaltung
  Kärntner Ring
  31010 Wien
  Großes Sitzungszimmer

- **Wer hat besprochen?**
  Der (die) Veranstalter kann (können) meist schon aus dem Titel der Sitzung entnommen werden oder sollten bei der Art der Sitzung angeführt werden, z. B.

  Protokoll
  über die
  17. Aufsichtsratssitzung der H&H AG, Wien

Die Namen der Teilnehmer sind in der Teilnehmerliste zu finden:

Grundregeln der Teilnehmerliste:

1 an oberster Stelle: **Name des Vorsitzenden**

2 im Anschluss: **alle Teilnehmer** namentlich anführen, und zwar
- alphabetisch oder
  nach Rang und Position oder
  „bunt gewürfelt“
- mit Titeln (akademischer Grad und/oder Funktionstitel) oder einheitlich ohne Titel

3 Wenn Teilnehmer **nur zeitweise anwesend** sind, muss das bei einem Beschlussprotokoll, das rechtliche Relevanz hat, vermerkt sein, z. B.

Herr Dr. Müller verlässt die Sitzung um 9.35 Uhr.
Herr Spät kommt zur Sitzung um 10.45 Uhr.

4 **Entschuldigte Teilnehmer** vermerken (extra als Unterpunkt anführen bzw. bei alphabetischer Auflistung mit dem Zusatz „entschuldigt“)

- **Zum Schluss oder am Ende eines Protokoll-Deckblattes sind anzuführen:**

- Datum
- Name des Protokollführers und des Vorsitzenden
- Unterschrift des Protokollführers (rechts) und des Vorsitzenden (links)
- Verteiler (hier bitte auch jene Empfänger anführen, die nur einen Teil des Protokolls erhalten)
- Anlagen zum Protokoll

Jetzt haben Sie den Rahmen richtig gestaltet – in diesen Rahmen kommt nun das „eigentliche Kunstwerk", Ihr Protokoll.
Wie dieses Kunstwerk nun entsteht, das wollen wir im Anschluss Schritt für Schritt anführen. Machen Sie mit!

3.1.2 Die zwölf Protokollgebote

Ein gutes Protokoll soll ...

I. wahr sein
II. objektiv und sachlich sein
III. auf Tatsachen beruhen, nicht auf Gefühlen und Meinungen
IV. auch für Nichtbeteiligte problemlos verständlich sein
V. auf das Wesentliche beschränkt sein
VI. logisch gegliedert und aufgebaut sein
VII. in Länge und Ausgestaltung dem Zweck angepasst sein
VIII. in leicht verständlichem, klarem Deutsch abgefasst sein
IX. ohne unnütze Floskeln und Stilblüten auskommen
X. in der Gegenwart und meist in der indirekten Rede abgefasst sein
XI. Anträge und Beschlüsse wörtlich und in direkter Rede wiedergeben
XII. auch optisch leserfreundlich gestaltet sein

Wenn Sie diese zwölf Gebote beachten, haben Sie schon eine große Hürde auf dem Weg zum perfekten Protokoll genommen!
So, jetzt ist es an der Zeit, das bisher Gelernte zu überprüfen.

ÜBUNG

Was ist nun für einen guten Bericht in Protokollform wichtig? Kreuzen Sie die in Ihren Augen richtige Aussage jeweils an.

A.

1 Ein Protokoll ist ein Bericht über eine Sitzung, die ein Fachthema zum Inhalt hat und an der Fachleute teilnehmen – es können daher ruhig viele Fachausdrücke und Abkürzungen vorkommen, weil diese allen Beteiligten vertraut sind.

2 Eine lebendige Schilderung der Sitzung schadet dem Protokoll nicht, es soll ja ein „Bild" vor dem Leser entstehen.

3 Wichtiger als anschauliche Schilderungen des Sitzungsverlaufes ist die möglichst detailgenaue Wiedergabe aller Tatsachen und Wortmeldungen.

B.

1 Ein Protokoll sollte nicht zu stark zergliedert sein – jeder, der ein Protokoll liest, sollte auch wirklich das Ganze lesen und nicht nur einzelne Wortmeldungen etc. Nur so kann man sich ein umfassendes Bild machen.

2 Jeder Diskussionsteilnehmer hat ein Recht auf die genaue Wiedergabe seiner Wortmeldungen. Zu viel Zusammenfassen wertet einzelne Teilnehmer möglicherweise ab.

3 Durch Unterstreichen, Einrücken etc. soll Wichtiges hervorgehoben werden – ebenso jeder angeführte Redner. Bei mehreren Wortmeldungen, die dieselbe Meinung beinhalten, kann zusammengefasst werden.

C. Beim ausführlichen Ergebnisprotokoll:

1 Das Verhalten der Teilnehmer liefert auch wichtige Informationen. Es ist daher durchaus zulässig, z. B. Zwischenrufe als „aggressiv vorgetragen" oder „beleidigend im Tonfall" näher zu beschreiben.

2 Nur das tatsächlich gesprochene Wort zum Thema (eventuell sachlich gekürzt) zählt – es kann sich dann jeder Leser selbst ein Bild machen und Schlussfolgerungen ziehen.

3 Polemische Äußerungen einzelner Teilnehmer sollten ausnahmslos im Protokoll erscheinen, um das „Klima" einer Sitzung zu verdeutlichen.

D.

1 Ein Protokoll ist immer auch ein ausführlicher Bericht. Um später wirklich als Beweis dienen zu können, soll möglichst alles dokumentiert werden. Sonst berufen sich manche darauf, dass gerade ihre Wortmeldung weggelassen wurde.

2 Es genügt, alles möglichst kurz und sinngemäß wiederzugeben. Auch bei Beschlüssen ist ja nur wichtig, wer jetzt wirklich was bis wann zu tun hat.

3 Ein Protokoll sollte immer mit Rücksicht auf den Leser verfasst werden: Dieser steht meist unter Zeitdruck und möchte möglichst wenig lesen müssen. Andererseits soll er sich aber auch auskennen: Anträge und Beschlüsse sind daher auch wörtlich wiederzugeben.

Lösungshinweise der Autorinnen:

Zu A:
Hier gilt Punkt 3, da Ihr Protokoll weder Emotionen und Gefühle noch zu umfangreiche Fachausdrücke beinhalten sollte.

Zu B:
Wenn Sie Punkt 3 ausgewählt haben, sind Sie auf dem richtigen Weg. Sie schreiben ja für den Leser und wollen ihm das Lesen leicht und übersichtlich machen.

Zu C:
Lösung ist Punkt 2, da ein Protokoll auf das Wesentliche beschränkt, sachlich und nicht wertend abgefasst werden soll.

Zu D:
Trotz Beschränkung auf das Wesentliche müssen Anträge und Beschlüsse wörtlich und in direkter Rede abgefasst werden, daher Punkt 3 als Lösung.

Den wichtigsten Grundsatz für erfolgreiche schriftliche Kommunikation und somit auch für Ihr Protokoll wollen wir Ihnen nahelegen:

Schreiben Sie für den Leser:
- **einfach,**
- **möglichst kurz,**
- **prägnant und**
- **übersichtlich gegliedert.**

Die Umsetzung dieses Grundprinzips in die Praxis gelingt am besten, wenn Sie alles, was Sie niederschreiben, **mit den Augen eines späteren Lesers** betrachten!
Und beachten Sie: Sie schreiben nicht, um zu beeindrucken, sondern um wirklich gelesen zu werden!

3.2 Die Aufnahme des Protokolls

Nun ist es also soweit – in Ihrem Terminkalender für den morgigen Tag steht:
8.00 Uhr Abteilungsleitermeeting, Großes Sitzungszimmer
PROTOKOLLFÜHRER

Die richtige Notiztechnik

Die wesentliche Grundlage für einen guten Protokollführer ist eine effiziente und individuell abgestimmte Notiztechnik. Wir wollen hier die wichtigsten Punkte dafür zusammenfassen.
Richtiges Notieren bedeutet, wichtige Fakten, Punkte, Wortmeldungen etc. stichwortartig zusammenzufassen beziehungsweise festzuhalten. Sie müssen übersichtlich gegliedert sein und genügend Platz für Ergänzungen enthalten.

Grundsatz Nummer eins lautet daher:
- **Sparen Sie nicht mit Papier!**

Was Sie weiter beachten sollten:
- Gliedern Sie Ihre Notizen in Abschnitte.
- Lassen Sie links und rechts genügend Platz für spätere Ergänzungen.
- Unterstreichen Sie Wichtiges sofort.
- Verwenden Sie Farben (z. B. Farbmarker).

- Ordnen Sie lose Blätter so rasch als möglich in oder nach der Sitzung.
- Versehen Sie alle Notizblätter mit einem Kennzeichen, inklusive Datum und Name.
- Beschriften Sie immer nur die Vorderseite.
- Verwenden Sie klare, einheitliche Abkürzungen und Zeichen.
- Verwenden Sie Titel und Schlagworte.
- Strukturieren Sie Ihre Notizblätter etwa so:
  A Notizen
  B Zusammenfassung, Schlagwörter
  C eigene Ergänzungen

Strukturierungen von Notizblättern

Beispiel 1

Fach	Thema	Datum	Seite
B	**A**		**C**

Beispiel 2

Thema	Nr.
B	**A**
C	

Und jetzt hinein in die Praxis ...

Es ist jetzt 8.00 Uhr morgens und Sie befinden sich auf Ihrem bestens ausgerüsteten „Protokollführerplatz“:

1 Atmen Sie zunächst einmal tief durch und bewahren Sie Ruhe. Sie stehen ja nicht im Mittelpunkt, Sie sind nur objektiver Beobachter!

2 Prägen Sie sich alle Sitzungsteilnehmer genau ein – möglichst nach ihrer Sitzordnung. Schaffen Sie sich dazu Eselsbrücken („Es war ja zu erwarten, dass der Herr Pirsch neben Frau Dr. Schön sitzt.“).

3 Grundsätzlich sollten Sie so viel wie möglich mitschreiben, um später zusammenfassen zu können. Ausnahme: Wenn Sie schon viel Erfahrung haben, wissen Sie, bei wem Sie unwichtige Floskeln weglassen und welche Teile Sie auch nur in Stichworten notieren können. Aber aufpassen: Man muss schon sehr geübt sein, um dabei nicht doch wesentliche Gesprächsteile zu überhören!

4 Anträge und Beschlüsse müssen Sie immer wörtlich mitschreiben!

5 Bei Rednerwechsel: Lassen Sie nach jeder Wortmeldung zwei Zeilen frei. In die dritte Zeile kommt dann die Abkürzung für den nächsten Redner, in der vierten Zeile beginnt dann die Mitschrift seiner Wortmeldung. Sie brauchen nämlich Platz für spätere Ausarbeitungsnotizen!

6 Lassen Sie unbedingt neben der Mitschrift eine Spalte leer! Sie brauchen diesen Platz ebenfalls für die spätere Bearbeitung.

Sie schreiben also und schreiben und schreiben – Ihre Hände beginnen sich zu verkrampfen – die beschriebenen Blätter vor Ihnen werden immer mehr und mehr – ist es wirklich notwendig, so viel mitzuschreiben?
Leider ja – ein Beispiel:

Fünf Seiten eines Stenogramms mit insgesamt zehn Rednerwechseln ergaben in der Zusammenfassung folgende Sätze:

> *„Dr. MEYER meint, dass der Standort Kirchengasse einer neuerlichen Rentabilitätsprüfung unterzogen werden sollte. Die Herren MÜLLER, HINZ und KUNZ schließen sich dieser Meinung an.“*

Grundsätzlich gilt daher:

- Je mehr Übung Sie haben,
- je besser Sie die Teilnehmer kennen,

- je besser Sie mit der Materie vertraut sind,
- je aktiver Sie zuhören,

desto kürzer wird Ihre Mitschrift ausfallen und desto leichter fällt Ihnen dann auch die Ausarbeitung – aber umfangreich ist eine Mitschrift immer! Erschrecken Sie also nicht, hier gilt ausnahmsweise der Grundsatz:

Besser mehr als weniger!

3.2.1 Richtiges Zuhören

Sie haben nun das technische Rüstzeug zum Mitschreiben bei einer Sitzung – gehen wir also einen Schritt weiter:

Wie hört man richtig zu?

Zuhören ist eine einseitige Form der Kommunikation: Der Zuhörer ist nur Empfänger einer Botschaft, nie deren Sender! Der Empfang der Botschaft erfolgt durch einen Filter – und das ist der Unterschied zum Tonband als Empfänger!

ÜBUNG

Woraus besteht nun dieser Filter?
Schreiben Sie einfach auf, was Ihnen dazu einfällt:

....

....

....

....

....

....

....

....

So eigenartig es auch klingen mag: Sie hören auch mit den Augen!
Sie hören ja nicht nur den Ton, Sie sehen auch den Ausdruck des Gesichtes, die Körperhaltung, eventuelle Gesten mit den Händen etc.
Je mehr Sie sich diese visuellen Botschaften einprägen, desto leichter erinnern Sie sich an einzelne Wortmeldungen. Sie geben das Gesehene zwar nicht in Ihrer Mitschrift wieder, aber in Ihrem Kopf ist es gespeichert und somit für Sie eine wichtige Gedächtnisstütze.

TEST

Vom Hören und vom Sehen ...

Sind Sie ein **akustischer Typ**?

- Sie merken sich Gesprochenes und einmal Gehörtes fast wörtlich.
- Sie erinnern sich auch an die Betonung und die genaue Wortwahl.
- Dafür erinnern Sie sich kaum an die Kleidung der einzelnen Redner, die ist auch schließlich bei einem Protokoll nicht so wichtig!

Sind Sie ein **visueller Typ**?
Sie haben es schon etwas schwerer:

- Sie wissen genau, wer wo gesessen ist.
- Sie erinnern sich an Details, wie den besonders eleganten Kugelschreiber des Herrn Müller.
- Sie können die Kleidung jedes einzelnen Teilnehmers genau beschreiben. Aber die Erinnerung an das, was gesprochen wurde, fällt Ihnen schwer. Kein Grund zum Verzweifeln: Sie können Ihre akustische Wahrnehmungsfähigkeit trainieren.

Gutes Zuhören ist erlernbar!

Fangen Sie gleich heute Abend an: Schließen Sie einfach bei den Nachrichten im Fernsehen die Augen, konzentrieren Sie sich nur auf das Gehörte und versuchen Sie, im Anschluss daran möglichst viel davon wiederzugeben. Nach einigen solchen Trainings gelingt es Ihnen sicher schon besser, sich nur auf das Gehörte zu konzentrieren. Ihre optische Wahrnehmung hilft Ihnen weiter, visuelle Eselsbrücken aufzubauen (z. B. Kleidung als Erinnerungsstütze).

ÜBUNG

Was Sie als Nächstes üben sollten:
Achten Sie genau auf die Betonung der Worte im Satz! Je nachdem, welches Wort betont wird, ändert sich oft der Sinn des ganzen Satzes. Die wirkliche Meinung des Redners wird Ihnen nur dann klar, wenn Sie auf diese „Zwischentöne" hören.

Dazu ein Beispiel:
Lesen Sie jeweils den Satz laut vor und betonen Sie die fett gedruckten Worte – was ist jeweils gemeint?

Diesen Punkt *kann Frau Mayer nachher genauer erläutern.*

....

....

Diesen Punkt ***kann*** *Frau Mayer nachher genauer erläutern.*

....

....

Diesen Punkt kann ***Frau Mayer*** *nachher genauer erläutern.*

....

....

Diesen Punkt kann Frau Mayer ***nachher*** *genauer erläutern.*

....

....

Diesen Punkt kann Frau Mayer nachher ***genauer*** *erläutern.*

....

....

Diesen Punkt kann Frau Mayer nachher genauer ***erläutern****.*

....

....

Die Unterschiede sind doch erstaunlich – gerade bei hitzigen Diskussionen geben die einzelnen Redner durch eine bestimmte Betonung sehr viel von ihren Einstellungen preis!
Wie finden Sie nun die Balance zwischen all den Zusatzbotschaften und dem wirklich Gesagten?

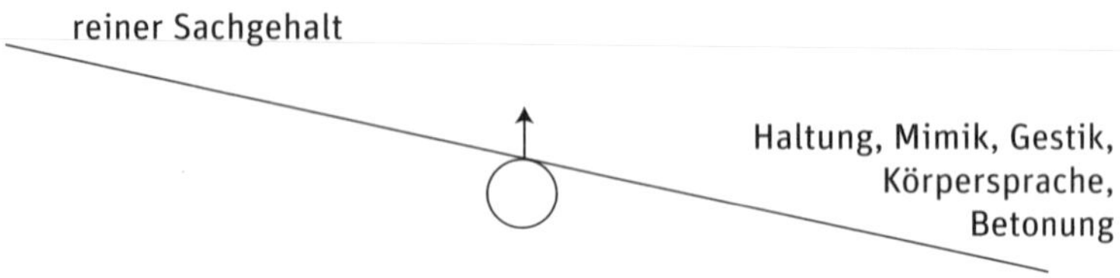

Versuchen Sie, möglichst **aktiv zuzuhören**:

- Gehen Sie objektiv, ohne vorgefasste Meinungen in die Sitzung.
- Denken Sie bei jedem Diskussionspunkt mit – schalten Sie nicht einfach ab und reduzieren Sie sich nicht nur aufs Mitschreiben.
- Gehen Sie auf den Sprecher ein – welche Stellung hat er, welche Machtposition, welche Ziele verfolgt er? Was meint er mit dem Gesagten wirklich?
- Lassen Sie sich durch die gute Rhetorik eines einzelnen Teilnehmers nicht blenden – reduzieren Sie auf den Sachgehalt.
- Auch unscheinbare Wortmeldungen können Wesentliches enthalten.
- Bewahren Sie den Überblick, auch wenn noch so viele durcheinander reden.
- Auch wenn es diese aktive Form des Zuhörens schwierig macht: Lassen Sie sich nie von Emotionen hinreißen – bleiben Sie immer in der Position des objektiven Beobachters!

3.3 Sieben Schritte zum perfekten Protokoll

Die Hektik hat sich gelegt, die Sitzung ist beendet. Sie sind erschöpft vom vielen Zuhören und die Armmuskulatur ist verkrampft vom vielen Schreiben. Die Ruhe in den eigenen vier Wänden Ihres Büros tut richtig gut – wäre da nur nicht dieser riesige Berg von Unterlagen:

- mehr oder weniger dicht beschrieben,
- mehr oder weniger leserlich
- und irgendwie abschreckend unübersichtlich!

Die riesenhafte Aufgabe der Protokollerstellung liegt vor Ihnen. Die Versuchung ist groß, zunächst einmal alles von sich zu schieben – „Irgendwann mach' ich das schon!" (siehe dazu auch Punkt 2.3).
Der wichtigste Grundsatz zum Abfassen eines Protokolls:

Erstellen Sie Ihr Protokoll möglichst unmittelbar nach der Sitzung!

Nun gut, Sie schieben nichts auf die lange Bank und Sie fragen sich:„Wie beginne ich?"
Damit sind Sie schon am richtigen Weg – eine umfangreiche Aufgabe gehört in einzelne Teile zerlegt. Mit dieser „Salamitaktik" – Scheibe für Scheibe abschneiden – wird auch die größte Aufgabe lösbar, die Angst und das Unbehagen verschwinden.

3.3.1 Ihr erster Schritt: Die Bearbeitung der Mitschrift

Wenn Sie Ihre Mitschrift gut lesen können und sich an die im vorherigen Teil erwähnten Regeln – Abkürzungen für Namen, Leerzeilen, Leerspalten – gehalten haben, sind Sie ein Glückspilz:
Sie ersparen es sich, eine Niederschrift Ihrer Mitschrift zu erstellen.
Wenn Sie jedoch Probleme beim Durchlesen haben oder sich sicherer fühlen, wenn Sie alles Mitnotierte ausgeschrieben vor sich haben, schrecken Sie nicht vor dieser Arbeit zurück. Nur so können Sie sichergehen, wirklich nichts Wichtiges vergessen zu haben.

- Beseitigen Sie zunächst alle Unklarheiten in Ihren persönlichen Notizen.

- Legen Sie sich einige Farbstifte (Textmarker) bereit und unterstreichen Sie wichtige Teile – streichen Sie Unwesentliches.
- Lesen Sie nun die Mitschrift bzw. die Niederschrift der Mitschrift genau durch.
- Verwenden Sie Ihre Farbstifte, um Übersicht zu schaffen:
  Jedem Thema wird eine Farbe zugeordnet – so können Sie in der freien Spalte neben der Mitschrift das jeweilige Thema in der jeweiligen Farbe kennzeichnen (z. B. T1, T2 etc.)
- Die Abkürzungen für Namen, die einen Rednerwechsel anzeigen, können Sie entsprechend markieren.
  Beispiel: *Ma: Zu diesem Thema muss festgehalten werden ...*
- Notieren Sie, welche Teilnehmer zu den einzelnen Themen gesprochen haben:
  Beispiel: *T3: Ma + Ho + Ma + Li + Ma*
  (Zum Thema 3 hat Herr Maar drei Mal und die Herren Horn und Lister je ein Mal gesprochen.)
- Kennzeichnen Sie Anträge und Beschlüsse extra (mit einer eigenen Farbe).
- In der freien Spalte neben der Mitschrift können Sie sich weitere Hinweise notieren.
  Beispiel: *Beschluss zu T3 erst nach T5.*
- Wenn Sie zusätzlich einen Tonbandmitschnitt haben, hören Sie ihn ab und ergänzen Sie Ihre Mitschrift.
- Durch die farbige Kennzeichnung einzelner Textteile können Sie leicht mehrere Wortmeldungen zum selben Thema zusammenfassen.
- Sie können auch mehrere Wortmeldungen eines Teilnehmers an verschiedenen Stellen besser herausgreifen und zusammenfassen.
- Die genaue Abfolge, wer wann was gesagt hat, ist ausschließlich bei Wortprotokollen wichtig – sonst ist eine sinngemäße Zusammenfassung effizienter!

So, die vielen Zettel vor Ihnen sehen nun schon wesentlich bunter und vor allem übersichtlicher aus!

3.3.2 Ihr zweiter Schritt: Überlegen Sie sich die Gliederung Ihres Protokolls

- Der Protokollrahmen wurde schon im Kapitel 3.1.1 besprochen.
- Die Gliederung der behandelten Themen kann erfolgen:
  - nach Tagesordnungspunkten,
  - chronologisch oder
  - nach sachlichen Zusammenhängen.
- Innerhalb der Themen gliedern Sie in:
  - Berichte, Sachverhaltsdarstellungen
  - Anträge
  - Diskussionsbeiträge
  - Beschlüsse
- Heben Sie wichtige Textstellen heraus – durch Unterstreichen, Einrücken etc.
- Auch die Namen der Redner sollten sich optisch abheben, z. B. durch Blockbuchstaben oder durch Fettschrift.
- Schreiben Sie Anträge und Beschlüsse eingerückt, auf jeden Fall sollten sie extra gekennzeichnet werden.
- Gestalten Sie Ihr Protokoll optisch ansprechend.

Geben Sie Ihrem Protokoll ein einheitliches Erscheinungsbild – egal, ob in Tabellenform, Hoch- oder Querformat, ob ausformuliert oder stichwortartig. Der Inhalt soll vom Leser schnell erfasst werden können.

Hervorheben von wichtigen Textpassagen

Das richtige Hervorheben von wichtigen Textteilen, Fakten, Aussagen etc. dient der Leserfreundlichkeit. Hervorhebungen bieten einen besseren Überblick, strukturieren den Inhalt und helfen dem Leser, sich zu orientieren.
Doch wer es mit dem Hervorheben zu weit treibt, erzielt den gegenteiligen Effekt. Wer zu viele verschiedene Gestaltungsmöglichkeiten wählt, bringt Unruhe in sein Textbild. Die wichtigen Fakten verschwinden dann erst recht. In der Regel sollten nicht mehr als zwei, maximal drei verschiedene Hervorhebungsarten gewählt werden. Die wichtigsten Hervorhebungsarten im Überblick:

Unterstreichen
„Die Ausbildung kann sowohl extern wie auch intern organisiert werden."

Sperren im Text
„Die dafür neu zu schaffende A k a d e m i e wird im Hauptsitz angesiedelt."

Unterstreichen und Sperren im Text
„Als Interimsleiter werden die Herren M e l z e r und H a l l e r vorgeschlagen."

Großbuchstaben
„Als provisorische Bezeichnung wird der Name MANAGEMENT-AKADEMIE DER SKW gewählt."

Fettschrift
„Die dafür notwendigen Mittel sollen in einer **Sondersitzung** genehmigt werden."

Kursivschrift
„Von Seiten der *Personalabteilung* wird eingewandt, dass eine ähnliche Institution schon vor einigen Jahren ins Leben gerufen wurde."

gesonderte Zeile
„Als Grund des damaligen Scheiterns wird angeführt:

zu kapitalintensive Planungsphase
mangelnde interne Kommunikation der Zielsetzungen
daraus resultierende mangelnde Akzeptanz im Unternehmen."

Zentrieren
„Die Argumentation der Marketing-Abteilung hebt besonders folgenden Punkt hervor:

Die Außenwirkung einer dynamischen Personalentwicklung:"

Wechsel der Schriftgröße
„In diesem Zusammenhang wird nochmals auf das immer noch offene Problem der neu zu erstellenden

Richtlinien für die Lehrlingsausbildung

hingewiesen."
„Frau Mayerhofer (Personalabteilung) weist auf diese Problematik hin."

schattierte Schrift
„Frau Huber stellt die neu Personalzeitung gestaltete vor."

Konturschrift/Reliefschrift
„Die Neuerungen gegenüber der alten Personalzeitung SKW werden in einer kurzen Präsentation deutlich."

Farbwechsel
„Der ursprüngliche Entwurf der **Agentur Schöner** wird nach knappem Entscheid abgelehnt."

Wechsel der Schriftart
„Die neue Zeitung soll in ihrem Erscheinungsbild der neu entwickelten CI, die **im Format-Handbuch für CI** festgehalten ist, angeglichen werden."

gemischte Hervorhebung
„Für die neue Rubrik der **internen Anzeigen** gibt es noch zu wenig Interesse seitens der Mitarbeiter, was in einem der nächsten *Personal-Meetings* zur Sprache gebracht werden soll."

ÜBUNG

... und was halten Sie von folgendem „Kunstwerk"?

TOP 8.0: Sonstiges

8.1.1. Die Empfehlungen zur i n t e r n e n Ausbildung zum **Management Assistent**, erarbeitet von der Expertengruppe Gehobener Dienst der Kommission für Aus- und Fortbildung, werden von der Runde begrüßt. Gerade im **FHB-Bereich** werden immer höhere Anforderungen an die **Management-Nachwuchskräfte** gestellt. Allerdings würde bei der Umsetzung der empfohlenen Maßnahmen der Rahmen der bisher vorgesehenen ***internen Ausbildungskapazitäten*** gesprengt. Besonders die neu hinzuzufügenden

Module der Externen Beziehungen und internationales Recht

stellen alle Verantwortlichen vor große Probleme. Um einzelne Module extern zu realisieren, wird vorgeschlagen, einer *länderübergreifenden* Ausbildungsvariante mit den Filialniederlassungen in

Ungarn, Belgien, Irland und Spanien

den Vorzug zu geben. So könnte auch der von der Konzernleitung angestrebte *Integrationseffekt* der neuen Mitarbeiter gefördert werden. Frau **Fischer** von der Personalabteilung soll bis zur nächsten Sitzung die entscheidenden Rahmenbedingungen abstecken und die Kontakte mit den Filialleitern herstellen.

Kennzeichnen Sie am linken Rand all jene Hervorhebungen, die Sie ändern würden. Wählen Sie diejenige Art des Hervorhebens, die Ihnen als geeignet erscheint.

Lösungsvorschlag der Autorinnen:

TOP 8.0: Sonstiges

8.1.1. Die Empfehlungen zur internen Ausbildung zum **Management Assistent,** erarbeitet von der Expertengruppe Gehobener Dienst der Kommission für Aus- und Fortbildung, werden von der Runde begrüßt. Gerade im FHB-Bereich werden immer höhere Anforderungen an die Management-Nachwuchskräfte gestellt. Allerdings würde bei der Umsetzung der empfohlenen Maßnahmen der Rahmen der bisher vorgesehenen internen Ausbildungskapazitäten gesprengt. Besonders die neu hinzuzufügenden Module:

Externe Beziehungen und
internationales Recht
stellen alle Verantwortlichen vor große Probleme. Um einzelne Module extern zu realisieren, wird vorgeschlagen, einer **länderübergreifenden** Ausbildungsvariante mit den Filialniederlassungen in
Ungarn,
Belgien,
Irland und Spanien
den Vorzug zu geben. So könnte auch der von der Konzernleitung angestrebte Integrationseffekt der neuen Mitarbeiter gefördert werden. **Frau Fischer** von der Personalabteilung soll bis zur nächsten Sitzung die entscheidenden Rahmenbedingungen abstecken und die Kontakte mit den Filialleitern herstellen.

Die richtige Wahl der Schrift

Das optische Erscheinungsbild Ihres Protokolls wird ganz entscheidend von der Wahl der Schrift beeinflusst. Jede Schriftart prägt ein eigenes Image, weckt beim Betrachter ein spezielles Vorstellungsbild. Die Schriftwahl ist daher alles andere als eine Nebensache. Überlassen Sie also diese Gestaltungsmöglichkeit nicht einfach dem Zufall.
In vielen Unternehmen ist ein einheitliches Schriftbild Teil einer bewusst festgelegten Corporate Identity. Werden diese Gestaltungsregeln auch konsequent angewendet, haben Sie als Protokollführer ohnehin keine Wahlmöglichkeit. Vielfach entzieht sich aber gerade der Bereich der Protokolle und zum Teil auch der Bereich der Berichte diesen einheitlichen Richtlinien. Jede Abteilung, jeder Mitarbeiter verwendet eine eigene Schrift. Ist es also Ihnen überlassen, welche Schriftart Sie für Ihr Protokoll wählen, ist es von Vorteil, wenn Sie über die wichtigsten Grundregeln der Schriftwahl Bescheid wissen.
Ab Seite 56 sehen Sie Beispiele für verschiedene Gestaltungsmöglichkeiten und Schriften.
Wir empfehlen Ihnen, im Fließtext Kursiv-Schriften zu vermeiden – für Heraushebungen verwenden Sie stattdessen besser Fettdruck. Eine Schriftgröße unter 12 Punk ist schwierig zu lesen und damit die Kernbotschaft schwieriger zu erfassen.

Weitere Tipps zur Textgestaltung

Aufzählungen:
Beginn und Ende von Aufzählungen sind vom übrigen Text durch eine Leerzeile zu trennen, z. B.

Mit Wirkung vom 1. Januar 2007 gelten folgende Zinssätze:

Fixzinssatz:	*4 3/4 %*
variabler Zinssatz:	*5 4/8 %*

Weitere Änderungen bedürfen der vorherigen Genehmigung durch dieses Gremium.

Zahlen im Fließtext:
Im Fließtext eines Protokolls sind aufgrund des Leseverlaufs die Zahlen von eins bis zwölf in Buchstaben, die Zahlen von 13 aufwärts in Ziffern zu erfassen.
Zahlen unter 13 werden dann in Ziffern ausgedrückt, wenn sie in Verbindung mit Einheiten stehen oder wenn es Ihnen als Verfasser sinnvoll erscheint. Bitte legen Sie Wert auf eine einheitliche Schreibweise innerhalb des Protokolls.

Die optische Gliederung des Protokolls

Zur Gliederung der einzelnen Themen und Punkte in Ihrem Protokoll stehen Ihnen grundsätzlich zwei Vorgehensweisen zur Verfügung:

Gliederung mit unterschiedlicher Fluchtlinie
Gliederung mit einheitlicher Fluchtlinie

Sie können wählen zwischen alphabetisch fortlaufenden Groß- und Kleinbuchstaben, fortlaufenden Zahlen oder römischen Ziffern. Sie können die Gliederungsmerkmale mit oder ohne Klammer, mit oder ohne Punkt gestalten:

1)
A

a)
II.

Auch hier gilt: In einigen Unternehmen gibt es auch zur Gliederung der Schriftstücke einheitliche Richtlinien. Das hat nicht nur den Vorteil einer konsequent befolgten Corporate Identity, sondern macht es auch allen Mitarbeitern leichter, sich in einem Schriftstück zu orientieren. Die Art der Gliederung ist vertraut, Unterpunkte werden leicht entdeckt. Ein vertrautes Schriftbild erleichtert die Konzentration auf den Inhalt.

Beispiele mit unterschiedlicher Fluchtlinie:

A Allgemeine Themenbereiche

1. Zusammenfassung der Aktivitäten

a) interne Veranstaltungen
b) Messen
c) sonstige Verkaufsförderungsaktivitäten

1. Allgemeine Themenbereiche

1.1 Zusammenfassung der Aktivitäten

1.1.1 interne Veranstaltungen
1.1.2 Messen
1.1.3. sonstige Verkaufsförderungsaktivitäten

Beispiel mit einheitlicher Fluchtlinie

5. Neue Personalrichtlinien

5.1 Derzeitige Situation

5.2 Neuerungen im Bereich Personalauswahlverfahren
5.2.1 Annoncemedien
5.2.2 Richtlinien zur Erstellung einer Stellenannonce

Im Folgenden nun einige Beispiele zur optischen Gestaltung eines Protokolls:

SPRECHER	THEMA	ZU ERLEDIGEN VON/BIS
	THEMA 1	
Herr Grein	____	
	____	
	____	
	THEMA 2	
Herr Meller	____	
	____	
Herr Sattmann	____	
	____	
Herr Leistner	____	
	BESCHLUSS	
	____	
	____	Frau Grank/
	____	Herr Sattmann/7.4.10

Sitzungsprotokoll

VON	Werner Huber
BETRIFFT	Projekt **„Vereinheitlichung des Schriftverkehrs“**
ORT	Sitzungszimmer Hauptgebäude
DATUM	17. Oktober 2010
TEILNEHMER.	Christa Müller, Florian Meier Johann Sieber, Anton Suter
GEHT AN	Teilnehmer, JUN, GRT, MAF

Beschlüsse

1.

2.

3.

4.

Weiteres Vorgehen

Nächste Sitzung

München, 20. Oktober 2010 WHU

Beschlussprotokoll

VON:
THEMEN:
ORT:
ZEIT:
TEILNEHMER: Dr. Christa Müller, Florian Aller, MSc, Johann Sieber
VERTEILER: Teilnehmer, JUN, GRT, MAF

Beschlüsse

1.

2.

3.

4.

Weiteres Vorgehen

Nächste Sitzung

Ort, Datum Unterschrift

1. GESCHÄFTSFÜHRERBESPRECHUNG

vom (Datum)

Zeit:
Ort:

Teilnehmer:

Schriftführung:

Nächste Besprechung:		
Datum:	**Zeit:**	**Ort:**

1 Bericht der Geschäftsführung

1.1
1.2
1.3

2 Themen der Abteilungen

2.1
2.2

<table>
<tr><th colspan="3">BESPRECHUNGSPROTOKOLL</th></tr>
<tr><td>Ort:</td><td colspan="2">Datum:</td></tr>
<tr><td>Betreff: Projektbesprechung</td><td colspan="2">Protokoll</td></tr>
<tr><td>Teilnehmer:</td><td colspan="2">Verteiler:</td></tr>
<tr><td></td><td>Verantwortlich:</td><td>Datum:</td></tr>
<tr><td>Themen:</td><td></td><td></td></tr>
<tr><td></td><td></td><td></td></tr>
<tr><td></td><td></td><td></td></tr>
<tr><td>Nächste Projektbesprechung:</td><td></td><td></td></tr>
</table>

3.3.3 Ihr dritter Schritt: Der Rohentwurf

Überlegen Sie nun, wie Sie die einzelnen Diskussionsbeiträge sinnvoll zusammenfassen können.
Bei der Beurteilung, welche Inhalte von Bedeutung sind, sollten Sie folgende Punkte beachten:

1 **Für wen wird das Protokoll geschrieben?**
Welcher Leserkreis soll das Protokoll bzw. Auszüge davon erhalten?
2 **Ist eine genaue Beweisführung wichtig?**
Wenn ja, müssen alle relevanten Wortmeldungen genau vermerkt werden, kritische Passagen sogar wörtlich.
3 **Gehört die Wortmeldung zum Thema?**
Ist sie wesentlich, weil darin ein Antrag, eine wichtige Information etc. vorkommt?
Ist sie für die Beschlussfassung wichtig?
4 **Hat die Wortmeldung persönliche Bedeutung?**
- für den Sprecher
- für andere Teilnehmer
- für andere, nicht anwesende Mitarbeiter/Außenstehende?

Mit diesen Punkten vor Augen fällt es Ihnen sicher leichter zu unterscheiden, was ins Protokoll gehört und was nicht.

ÜBUNG

Versuchen Sie es – was gehört Ihrer Meinung nach ins Protokoll?
Herr Plapp ist ein Vielredner – wann immer ein Sekundenbruchteil Ruhe herrscht, redet er. Bei ihm gilt eindeutig der Grundsatz: „Woher soll ich wissen, was ich meine, bevor ich nicht gehört habe, was ich sage?"
Hier einige „Kostproben" von Herrn Plapps Wortgewalt vom Tonband:

„Ich meine dringend, wir sollten den andauernden Ausbaubestrebungen, die sich in unserer Firma breit machen, entgegenwirken. Nichts ist gefährlicher, als stagnierende Umsatzriesen noch größer zu machen und so die Fixkosten ins Unermessliche anwachsen zu lassen!"

„Das Projekt Neufeldstraße ist ein typischer Verlustträger. Der Standort ist ja ganz gut und unsere Präsenz in dieser Region ist sicher wichtig, ich weiß, aber aus einem geborenen Verlierer wird nun einmal kein Match-Winner! Meine Meinung: Vergessen Sie`s, meine Herren!"

„Aber Frau Denk, durch eine radikale Erneuerung der Geschäftsführung und ein Überdenken des Sortiments kann so ein Standort plötzlich ganz anders dastehen!"

„Sie können doch um Gottes Willen diese Region Neufeldstraße nicht kampflos der Konkurrenz überlassen! Wir müssen uns halt durchringen und einiges investieren und die Verkaufsflächen vergrößern, dann wird auch der Umsatz steigen, Sie werden schon sehen, meine Herren! Und unseren Herrn König dort halte ich für sehr fähig – der wird schon noch!"

„Wir müssen einfach in größeren Dimensionen denken! Immer nur an Kosten-Nutzen-Analysen zu kleben ist gefährlich! Die große Zukunftsperspektive ist wichtig!"

Ein Mann – viele Worte! Was ist jetzt wichtig? Was kommt in Ihr Protokoll? Schreiben Sie in Stichworten, was Sie wiedergeben würden:

....

....

....

....

....

....

....

....

....

....

Was tun, wenn eine Person verschiedene Meinungen vertritt?
Grundsätzlich gehen Sie davon aus, dass die **zuletzt geäußerte Meinung** die tatsächlich gültige ist!
Bei einem sehr ausführlichen Protokoll bleibt es Ihnen nicht erspart, alle Meldungen zumindest sinngemäß wiederzugeben und auf die zuletzt geäußerte Meinung hinzuweisen.
Auch wenn Sie nur die zuletzt geäußerte Meinung wiedergeben, bringen Sie bei Bedarf einen **Zusatz** an, der die Meinungswandlungen andeutet, z. B.

„Nach anderslautenden Wortmeldungen hat sich Herr Plapp zum weiteren Ausbau – vor allem des Projekts Neufeldstraße – bekannt."

Ganz unerwähnt sollte man Herrn Plapps widersprüchlichen Äußerungen doch nicht lassen – sie prägen das Gesamtbild der Sitzung mit!

ÜBUNG

Zurück zu unserer Sitzungsmitschrift:
Der Ausbau oder Nichtausbau in der Neufeldstraße war an diesem Tag ein heiß diskutiertes Thema.
Hier einige weitere Auszüge:

Esch: „Ich finde, die Zahlen sprechen eine eindeutige Sprache! Was sich so eindeutig nicht rechnet, davon soll man die Finger lassen!"

P: „Wie immer bei Ausbauüberlegungen werden wieder einmal die Argumente der Marketing- u. Verkaufsabteilung viel stärker beachtet. Wir von der Controlling-Abteilung warnen schon länger vor dieser Fixkostenexplosion in den letzten Jahren. Mein Chef wirft mir das sicher vor, wenn ich das hier nicht klipp und klar nochmals erwähne!"

Be: „In der derzeitigen Situation mahne ich eher zur Vorsicht! Ein Großprojekt wie dieses würde ich mindestens ein bis zwei Jahre zurückstellen."

Gr: „Solange der Umsatz stagniert, bin ich gegen eine Vergrößerung!"

Esch: „Ich kann den Herren vom Marketing nur nochmals den Hinweis auf die Rentabilitätsberechnungen entgegenhalten – sehen Sie sich doch die Zahlen an!“

Was würden Sie in Ihr Protokoll aufnehmen?

....

....

....

....

....

....

....

....

Was tun, wenn mehrere Personen die gleiche Meinung vertreten?
In diesem Fall können Sie ruhig zusammenfassen und müssen nicht jede Wortmeldung zitieren. Es genügt ein Hinweis, wer sich der gleichen Meinung anschließt.
Die Wortmeldung des Herrn P hat für ihn offensichtlich persönliche Bedeutung – er will sich von seinem (abwesenden) Chef nicht vorwerfen lassen, er habe die Meinung seiner Abteilung nicht mit dem gehörigen Nachdruck vertreten. Sie sollte daher Eingang ins Protokoll finden.

Unser Vorschlag:
„Herr P bittet nachdrücklich, man möge nicht nur die Marketing- und Verkaufsargumente beachten, sondern die Kostenexplosion bedenken. In Anbetracht der Umsatz- und Rentabilitätssituation sprechen sich auch die Herren Esch, Be und Gr gegen das Projekt aus.

3.3.4 Ihr vierter Schritt: Die Protokollsprache

Sie haben jetzt entschieden, was alles in Ihr Protokoll kommt. Und wie formulieren Sie jetzt?

Formulierungsregel 1:
Die direkte und die indirekte Rede

Die **direkte Rede** verwenden Sie, um Anträge und Beschlüsse wiederzugeben. Sie formulieren dafür in der Wirklichkeitsform, z. B.
*Der Vorsitzende hält fest, dass das Projekt Neufeldstraße somit abgelehnt **wird**.*

Die **indirekte Rede** verwenden Sie, um Meinungen und Behauptungen wiederzugeben. Sie formulieren dafür in der Möglichkeitsform, z. B.
*Herr Punkt regt an, dass die Umsatzeinschätzung nochmals überprüft **werde**.*

Wie aber formulieren Sie, wenn der Vorsitzende den ablehnenden Beschluss bekannt gibt und gleichzeitig auch die Meinung äußert: *„Wir können ja bei der Herbstsitzung nochmals darüber reden!"*

....

....

....

....

....

Ein Wechsel von direkter und indirekter Rede ist also auch möglich, wenn jemand einen Antrag oder Beschluss ausspricht und gleichzeitig dazu seine Meinung äußert.

Was Sie für die indirekte Rede brauchen ist die **Möglichkeitsform** oder der **Konjunktiv**.

So wird's gesagt	So steht's im Protokoll
G. Müller: „Die Kosten im Bereich Fracht sind zu stark gestiegen. Da müssen wir etwas unternehmen!"	G. Müller meint, dass die Kosten im Bereich Fracht zu stark gestiegen seien und die Abteilung da etwas unternehmen müsse.
Frau Klar: „Ich will gerade diesen bereich heute nicht in die Betrachtung mit einbeziehen."	Frau Klar entgegnet, sie wolle gerade diesen Bereich nicht in die Betrachtung mit einbeziehen.
W. Werner: „Man muss einmal die grundsätzliche Frage der Umsatz- und damit Kostenverantwortung klären!"	W. Werner wirft ein, die grundsätzliche Frage der Umsatz- und damit Kostenverantwortung müsse zuerst geklärt werden.

Dazu ein wenig Grammatik:
Da die Möglichkeitsform (**Konjunktiv**) im Unterschied zur Wirklichkeitsform (**Indikativ**) in der Umgangssprache eher selten verwendet wird, wollen wir hier etwas näher darauf eingehen.

Zunächst einige Beispiele:

aus	„Ich will"	wird	er wolle
	„Ich bin"		er sei
	„Ich darf"		er dürfe

Der Konjunktiv drückt hier etwas aus, das nicht vom Sprecher/Schreiber behauptet wird, vielmehr wird eine fremde Behauptung wiedergegeben.
Grundsätzlich werden nach der Bildung und Verwendung zwei Formen des Konjunktivs unterschieden:

Konjunktiv I und
Konjunktiv II

Der **Konjunktiv I** wird in der indirekten Rede verwendet. Er kommt auch in gewissen Vergleichssätzen („sie tut so, als ob sie alles wisse") und als Ausdruck eines Wunsches oder einer Aufforderung („Man nehme 200 g Zucker") vor. Er wird vom Präsensstamm des Verbs gebildet:

er geh-t ▸ er geh-e
das stimm-t ▸ das stimm-e

Der **Konjunktiv II** ist die Form, in der Gedachtes, nur Vorgestelltes ausgedrückt wird. („Das täte ich so nicht"). Er wird vom Präteritumstamm gebildet:

er ging ▸ er ging-e
sie rief ▸ sie rief-e

Bei unregelmäßigen Verben, die im Präteritum den Stammvokal *a, o oder u* haben, wird daraus im Konjunktiv II *ä, ö oder ü*:

er tat ▸ er tät-e
sie trug ▸ sie trüg-e

Anstelle dieser eher ungebräuchlichen, oft altertümlich und „geziert" klingenden Konjunktiv-II-Form tritt die Form „würde + Infinitiv":

das *empföhle* er nicht ▸ das *würde* er nicht *empfehlen*
so *täte* er es nicht ▸ so *würde* er es nicht *tun*

Diese Form hat sich im allgemeinen Sprachgebrauch zu einer Art „Einheitskonjunktiv" entwickelt. Allerdings klingt eine Anhäufung von „würde"-Formulierungen nicht gerade elegant: Vermeiden Sie im Protokoll daher diese Möglichkeit und greifen Sie lieber auf die richtige Konjunktivform zurück! Es sei denn, die Konjunktivformen sind sehr ungebräuchlich oder nicht eindeutig:

statt: „Er meint, hier *gälten/gölten* die gleichen Regeln."
besser: „Er meint, hier *würden* die gleichen Regeln *gelten.*"
statt: „Sie meinte, alle Beteiligten *kennten* die Regeln."
besser: „Sie meinte, alle Beteiligten *würden* die Regeln *kennen.*"

Wozu beide Formen?
In der indirekten Rede verwenden wir grundsätzlich den Konjunktiv I. Wenn jedoch der Konjunktiv I gleichlautend ist wie der Indikativ (Wirklichkeits-

form), wird der Konjunktiv II verwendet, um Unklarheiten und Missverständnisse zu vermeiden. Das ist besonders in der ersten Person Einzahl und Mehrzahl sowie in der dritten Person Mehrzahl häufig der Fall:

Indikativ	**Konjunktiv I**	**Konjunktiv II**
ich frage	ich frage	ich fragte
wir fragen	wir fragen	wir fragten
sie fragen	sie fragen	sie fragten

Beispiele
„Der Vorsitzende äußerte sich zufrieden, da die Gespräche in guter Atmosphäre stattgefunden ***haben*** (Konjunktiv I = Wirklichkeitsform) *und alle die Forderungen* ***unterstützen*** (Konjunktiv I = Wirklichkeitsform)."

Die indirekte Rede wird so nicht deutlich, der Protokollführer könnte auch seine eigene Wahrnehmung schildern. Daher wird folgende Formulierung gewählt:
„Der Vorsitzende äußerte sich zufrieden, da die Gespräche in guter Atmosphäre stattgefunden ***hätten*** (Konjunktiv II) *und alle die Forderungen* ***unterstützten*** (Konjunktiv II)."

ÜBUNG

Und jetzt formulieren Sie bitte selbst um:

Herr Lang sagt: „Ich habe diese Meinung schon oft vertreten."

....

....

Mayer: „Das übertrifft alle meine Erwartungen!"

....

....

Frau Groß: „Ich kann diesen Termin nicht halten!“

....

....

Präsident Dr. Hugger: „Die Anforderungen sind gestiegen. Wir brauchen dringend neue Mitarbeiter, die uns in diesem Punkt unterstützen.“

....

....

Zum Nachschlagen:
Einige Verben und ihre Konjunktivformen in der 3. Person Einzahl:

Infinitiv	**Indikativ**	**Konjunktiv I**	**Konjunktiv II**
	er/sie/es ...	er/sie/es ...	er/sie/es ...
brauchen	braucht	brauche	brauchte (nicht bräuchte!)
befehlen	befiehlt	befehle	befähle/beföhle*
bewegen	bewegt	bewege	bewöge
bieten	bietet	biete	böte
binden	bindet	binde	bände*
bitten	bittet	bitte	bäte
bleiben	bleibt	bleibe	bliebe
brechen	bricht	breche	bräche
bringen	bringt	bringe	brächte
denken	denkt	denke	dächte
dringen	dringt	dringe	dränge
dürfen	darf	dürfe	dürfte
empfehlen	empfiehlt	empfehle	empföhle*
fahren	fährt	fahre	führe
fallen	fällt	falle	fiele
finden	findet	finde	fände
fragen	fragt	frage	fragte

geben	gibt	gebe	gäbe
gehen	geht	gehe	ginge
gelingen	gelingt	gelinge	gelänge
gelten	gilt	gelte	gölte*
genießen	genießt	genieße	genösse
geschehen	geschieht	geschehe	geschähe*
gewinnen	gewinnt	gewinne	gewönne
gießen	gießt	gieße	gösse*
gleichen	gleicht	gleiche	gliche
gleiten	gleitet	gleite	glitte*
graben	gräbt	grabe	grübe
haben	hat	habe	hätte
halten	hält	halte	hielte
hängen	hängt	hänge	hinge (am Haken) hängte (aufhängen)
heben	hebt	hebe	höbe*
heißen	heißt	heiße	hieße
helfen	hilft	helfe	hülfe*
kennen	kennt	kenne	kennte*
klingen	klingt	klinge	klänge
kommen	kommt	komme	käme
können	kann	könne	könnte
kriechen	kriecht	krieche	kröche
laden	ladet	lade	lüde*
lassen	lässt	lasse	ließe
laufen	läuft	laufe	liefe
leiden	leidet	leide	litte
leihen	leiht	leihe	liehe
lesen	liest	lese	läse
liegen	liegt	liege	läge
löschen	lischt	lösche	löschte
lügen	lügt	lüge	löge

meiden	meidet	meide	miede
messen	misst	messe	mäße
misslingen	misslingt	misslinge	misslänge
mögen	mag	möge	möchte
müssen	muss	müsse	müsste
nehmen	nimmt	nehme	nähme
nennen	nennt	nenne	nennte*
pflegen	pflegt	pflege	pflegte
preisen	preist	preise	priese
putzen	putzt	putze	putzte
raten	rät	rate	riete
reiben	reibt	reibe	riebe
reißen	reißt	reiße	risse
rennen	rennt	renne	rennte*
riechen	riecht	rieche	röche
ringen	ringt	ringe	ränge
rinnen	rinnt	rinne	ränne
rufen	ruft	rufe	riefe
saugen	saugt	sauge	söge
schaffen	schafft	schaffe	schüfe
scheiden	scheidet	scheide	schiede*
scheinen	scheint	scheine	schiene
schieben	schiebt	schiebe	schöbe
schießen	schießt	schieße	schösse
schimpfen	schimpft	schimpfe	schimpfte
schlafen	schläft	schlafe	schliefe
schlagen	schlägt	schlage	schlüge
schleichen	schleicht	schleiche	schliche
schleifen	schleift	schleife	schliffe (schärfen) schleifte (ziehen)
schließen	schließt	schließe	schlösse
schlingen	schlingt	schlinge	schlänge
schmelzen	schmilzt	schmelze	schmölze*

schneiden	schneidet	schneide	schnitte
schreiben	schreibt	schreibe	schriebe
schreien	schreit	schreie	schrie
schreiten	schreitet	schreite	schritte*
schweigen	schweigt	schweige	schwiege
schwimmen	schwimmt	schwimme	schwömme*
schwinden	schwindet	schwinde	schwände
schwingen	schwingt	schwinge	schwänge
schwören	schwört	schwöre	schwüre
sehen	sieht	sehe	sähe
sein	ist	sei	wäre
senden	sendet	sende	sendete
singen	singt	singe	sänge
sinken	sinkt	sinke	sänke
sinnen	sinnt	sinne	sänne
sitzen	sitzt	sitze	säße
sollen	soll	solle	sollte
spalten	spaltet	spalte	spaltete
speisen	speist	speise	speiste
spinnen	spinnt	spinne	spönne*
sprechen	spricht	spreche	spräche
springen	springt	springe	spränge
stechen	sticht	steche	stäche
stecken	steckt	stecke	steckte
stehen	steht	stehe	stünde/stände
stehlen	stiehlt	stehle	stähle
steigen	steigt	steige	stiege
streben	strebt	strebe	strübe*
stinken	stinkt	stinke	stänke
stoßen	stößt	stoße	stieße
streichen	streicht	streiche	striche
streiten	streitet	streite	stritte
tragen	trägt	trage	trüge

treffen	trifft	treffe	träfe
treiben	treibt	treibe	triebe
treten	tritt	trete	träte
triefen	trieft	triefe	triefte/tröffe
trinken	trinkt	trinke	tränke
trügen	trügt	trüge	tröge*
tun	tut	tue	täte
verderben	verdirbt	verderbe	verdürbe
verdrießen	verdrießt	verdrieße	verdrösse
vergessen	vergisst	vergesse	vergäße
verlieren	verliert	verliere	verlöre
verzeihen	verzeiht	verzeihe	verziehe
wachsen	wächst	wachse	wüchse
wägen	wägt	wäge	wöge
waschen	wäscht	wasche	wüsche*
weichen	weicht	weiche	wiche
weisen	weist	weise	wiese*
wenden	wendet	wende	wendete
werben	wirbt	werbe	würbe*
werden	wird	werde	würde
werfen	wirft	werfe	würfe
wiegen	wiegt	wiege	wöge
winden	windet	winde	wände
winken	winkt	winke	winkte
wissen	weiß	wisse	wüsste
wollen	will	wolle	wollte
ziehen	zieht	ziehe	zöge
zwingen	zwingt	zwinge	zwänge

*Diese Form des Konjunktiv II ist besser durch würde + Infinitiv zu ersetzen.

Ein Trick zum Vermeiden des Konjunktivs:
An Stelle des Nebensatzes in der indirekten Rede bilden Sie einfach Hauptwörter, z. B. statt:

Herr Kunk bestätigt, Frau Manz sei mit der Bitte an ihn herangetreten.

können Sie formulieren:
Herr Kunk bestätigt die Bitte von Frau Manz.

ÜBUNG

Üben Sie diese verkürzte Form!

Herr Zauner berichtet, dass die Verhandlung im Herbst stattgefunden habe.

....

....

....

Herr Luker äußert, dass er dieses Projekt sehr fragwürdig fände.

....

....

....

Frau Kleiner beharrt darauf, dass die Meinung ihrer Abteilung auch angehört werde.

....

....

....

**Formulierungsregel 2:
Die richtige Zeitform**

Verwenden Sie die **Gegenwart**!

Protokolle werden grundsätzlich in der Gegenwart abgefasst. Sie vermittelt dem Leser das Gefühl, selbst gerade an der Sitzung teilzunehmen. Er wird mit einbezogen.
In der Gegenwart verfasste Texte sind auch leichter lesbar. Ein Zeitwort in der Gegenwart hat eine direktere Wirkung und führt zur besseren Verständlichkeit.
Vermeiden Sie gelegentliches Verfallen in die Vergangenheitsform. Sie ist nur erlaubt, wenn ein Redner auf Vergangenes Bezug nimmt, also in der indirekten Rede.

Ein Beispiel:
„Herr Rasch weist darauf hin, dass der Termin auch letztes Jahr nicht eingehalten wurde.“

ÜBUNG

Finden Sie dazu noch ein paar eigene Beispiele:

....

....

....

....

Anders verhält es sich bei Gedächtnisprotokollen: Hier wird Vergangenes kurz wiedergegeben, daher ist auch die Vergangenheitsform angebracht.
Ebenso werden Aktennotiz und Telefonnotiz in der Vergangenheit abgefasst.

Formulierungsregel 3:
Vermeiden von Hauptwörterei

Wie Sie bereits festgestellt haben, können Hauptwörter einen Satz sehr verkürzen. Sie tragen jedoch nicht immer zur „Eleganz“ Ihres Stils bei:

„die Anhörung der Meinung der Mitglieder“
„die Wiederaufnahme der Eröffnung der Verhandlung“
„das Zitieren der Ausführlichkeit der Äußerungen“

Wenn Sie sich in Protokollen (und auch anderswo) umsehen, finden Sie sicher Unmengen solcher Stilblüten.
Zu viele Hauptwörter kennzeichnen den typischen Beamtenstil: Sie wirken unpersönlich, unklar und langweilig. Irgendwer versteckt sich hinter den oft seltsam anmutenden Hauptwörtern und will nicht Stellung beziehen, will nicht „Klartext" reden!

Zeitwörter wirken meist viel dynamischer!
Wir wollen wissen, was wirklich passiert ist und nicht „die Darstellung des Ablaufes der Eintrittsereignisse"!

Wie geht's besser?

statt	besser
In Ergänzung der Inbetriebnahme der Anlage werden folgende Kontrollmaßnahmen angeordnet ...	Nachdem wir die Anlage in Betrieb genommen haben, wird nun die Kontrolle ergänzt.
Nach Überprüfung der Antragstellung* ist die Überzeugung in Richtung einer Gewinnmaximierung durchaus gegeben.	Wir haben den Antrag geprüft und sind überzeugt, dass wir damit den Gewinn maximieren können.
In Anbetracht der allfälligen Kostenerweiterungen** wird ein Ressourcen-Optimierungs-Programm*** zum Vorschlag gebracht.	Da die Kosten weiter steigen werden, müssen wir Wege finden, die Ressourcen besser einzusetzten.

* Die „Antragstellung" ist ein klassisches „Unwort" aus dem Amtsdeutsch. Der „Antrag" alleine genügt auch!

** Wohin sich wohl die Kosten erweitern? Nach oben, unten, rechts, links? Normalerweise steigen oder sinken Kosten.

*** Hauptwortgebilde wie dieses sind im „Business-Neudeutsch" (auch so ein Unwort!) leider immer häufiger anzutreffen. Man nehme das eine oder andere Fremdwort, verbinde es mit einem möglichst positiv besetzten deutschen Wort und überdecke so den Mangel an klarer Stellungnahme!

ÜBUNG

Und jetzt können Sie wieder formulieren:
Verbessern Sie folgende Sätze und ersetzen Sie unnötige Hauptwörter durch Zeitwörter. Sagen Sie klar, was gemeint ist!

1 *„Im Anschluss an die Beantwortung der Fragen der Delegierten wurde die Berichterstattung über die Stellungnahmen der zuständigen Stellen in Angriff genommen."*

....

....

....

....

2 *„Bei eingehender Prüfung des Tatbestandes der Irreführung des Aufsichtsrates sind den untersuchenden Organen weitere Unterlagen zur Kenntnis gebracht worden."*

....

....

....

....

3 *„Nach Erhalt der Benachrichtigung über die Fehlerhaftigkeit unseres Produktes wurde unter Einhaltung der erforderlichen Frist eine Beantwortung vorgenommen."*

....

....

....

....

4 *„Zu den von Herrn Müller zu übernehmenden Verantwortlichkeiten zählt in Hinkunft auch die Sicherstellung der fristgerechten Auftragserfüllung."*

....

....

....

....

Lösungsvorschläge der Autorinnen:

1 *„Zuerst wurden die Fragen der Delegierten beantwortet, dann berichteten die zuständigen Stellen."*

2 *„Die untersuchenden Organe haben die Irreführung des Aufsichtsrates geprüft und dafür weitere Unterlagen erhalten."*

3 *„Nachdem wir benachrichtigt wurden, dass unser Produkt fehlerhaft war, haben wir fristgerecht darauf geantwortet."*

4 *„Herr Müller ist ab jetzt dafür zuständig, dass die Aufträge rechtzeitig ausgeführt werden."*

Eine kleine Übersicht über typische „Hauptwörter-Formulierungen", die Sie besser vermeiden:

statt	besser
in Abzug bringen	verrechnen
die Zusicherung machen	zusichern
zur Kenntnis bringen	benachrichtigen
Kenntnis geben	mitteilen
Kenntnis haben	wissen
mit Bedauern zur Kenntnis nehmen	bedauern
dem Bedauern Ausdruck verleihen	bedauern
einer Prüfung unterziehen	prüfen
eine Genehmigung erteilen	genehmigen
einen Vorschlag unterbreiten	vorschlagen
eine Abstimmung vornehmen	abstimmen
Ausführungen vornehmen	ausführen, erklären
Dank aussprechen	danken
in Angriff nehmen	beginnen
einen Rückgang aufweisen	zurückgehen
eine Besichtigung erfolgen lassen	besichtigen
eine Feststellung treffen	feststellen
eine positive Antwort erteilen	zusagen

eine Zusage machen	zusagen
eine Beantwortung vornehmen	antworten
eine Erledigung tätigen	erledigen
einer Abklärung unterziehen	klären
in einer Besprechung erörtern	besprechen
um die Durchführung bemüht	durchführen
einen Vorschlag machen	vorschlagen
einen Abschluss tätigen	abschließen
eine Veränderung vornehmen	verändern
Betätigungen entwickeln	handeln
Auszahlungen vornehmen	auszahlen
Buchungen tätigen	buchen
eine Erklärung abgeben	erklären

Formulierungsregel 4:
Bilden Sie möglichst kurze Sätze und aussagekräftige Abschlussformulierungen.

Schreiben Sie so klar und einfach wie möglich. Wenn der Leser Ihres Protokolls am Ende eine Satzes nicht mehr weiß, auf welcher Seite dieser Satz begonnen hat, verliert er nicht nur den berühmten Faden, sondern sehr schnell auch die Lust am Lesen. Komplizierte Satzgebilde zeugen nämlich nicht von besonderer Sachkompetenz, sondern eher von schlechtem Stil.
Spätestens jetzt, im Zeitalter der E-Mail-Kommunikation, werden wir uns an einen kurzen, klaren Stil gewöhnen. Viele Leser bringen nicht mehr die Geduld auf, Sätze mit mehr als zehn Wörtern zu lesen (und das schon gar nicht, wenn ein Text länger als eine Seite ist). Kurze Sätze sind leserfreundlich. Und Sie schreiben ja nicht, um zu beeindrucken, sondern um wirklich gelesen zu werden!

statt: *„Wir möchten Ihnen auf diese Art und Weise unseren Dank aussprechen."*
besser: *„Wir danken Ihnen."*

statt: *„Herr Weiß führt mit großem Bedauern aus, dass der von Frau Merk eingebrachte, durchaus überlegenswerte Antrag leider ohne Zuhilfenahme einer Befragung der Personalabteilung, die bei dieser Sitzung bedauerlicherweise nicht anwesend sei, nicht ohne weiteres behandelt*

werden könne, da auf diese Art und Weise die Annahme eines ungerechtfertigten Übergehens der eben erwähnten Abteilung durchaus in Betracht gezogen werden könnte.“
(Ein Satz mit 58 Wörtern!)

besser: *Herr Weiß wendet ein, dass der Antrag von Frau Merk zuerst mit der Personalabteilung besprochen werden solle.* (Nur mehr 16 Wörter, über 70 % weniger!)

ÜBUNG

Und jetzt sind wieder Sie an der Reihe:

1 *„Frau Pfleger bringt ihr Bedauern zum Ausdruck, dass bis zum gegenwärtigen Zeitpunkt keine näheren Informationen über den derzeitigen Status quo des schon seit geraumer Zeit im Laufen befindlichen Projektablaufes in Bezug auf Entwicklung und Fortschritt des Prozesses der Projektabwicklung weder ihrer noch einer anderen betroffenen Abteilung im Haus beziehungsweise auch nicht den jeweiligen Vorgesetzten zu Verfügung stünden, da offensichtlich niemand an die Notwendigkeit einer fristgerechten und allen zugänglichen Informationsdokumentation gedacht habe und man daher verabsäumt habe, eine solche durchzuführen.“*
... hoffentlich fällt die „Informationsdokumentation“ – was immer auch mit diesem Wort gemeint ist – nicht ähnlich wortreich aus!

Ihre Formulierung:

....

....

....

....

2 *„Herr Direktor Huber führt in der Beantwortung der Frage eines anderen Sitzungsteilnehmers aus, dass er jederzeit gerne bereit ist, alle Interessierten sowohl innerhalb als auch außerhalb seiner Abteilung, also allen Mitarbeitern der gesamten Firma, die erst kürzlich mit größtmöglicher*

Genauigkeit erstellten Ausbildungspläne sowie alle darüber hinaus reichenden Zusatzinformationen umfassend zur Verfügung stellen zu wollen und jederzeit für weitere Fragen, Anregungen und Diskussionspunkte betreffend dieser Angelegenheit zur Verfügung stehen werde."
... gut, dass offensichtlich zumindest noch ein anderer Sitzungsteilnehmer zu Wort bzw. zu einer Frage gekommen ist!

Ihre Formulierung:

....

....

....

....

3 *„Zurückkommend auf den diesbezüglichen Punkt der letzten Abteilungsbesprechung führt Frau Grauer aus, dass der Vorschlag bezüglich einer heuer etwas abgeänderten Durchführungsform des diesjährigen Abteilungsausfluges, der laut weit verbreiteter abteilungsinterner Meinung, dass er auch heuer wieder im schon seit Jahren erprobten und immer wieder für gut befundenen Lokal ‚Zum sturen Ochsen' sein Ende finden sollte, eine gegenüber den Vorjahren etwas abgeänderte Ausgestaltung finden sollte und möglicherweise im in der Nähe befindlichen (ca. 50 m entfernten) Lokal ‚Zur hurtigen Gans' seinen krönenden und hoffentlich auch heuer wieder bestens besuchten Abschluss, der wie immer auch von den beiden Direktoren beehrt werden könnte, finden sollte."*
... so viele Worte für nur 50 Meter Unterschied!

Ihre Formulierung:

....

....

....

....

Lösungsvorschläge der Autorinnen:

1 *„Frau Pfleger bedauert das Fehlen von Informationen über den Projektfortschritt."*

2 *„Herr Direktor Huber betont, dass er die neuen Ausbildungspläne allen Mitarbeitern zugänglich machen wird."*

3 *„Frau Grauer schlägt vor, den diesjährigen Abteilungsausflug im Lokal ‚Zur hurtigen Gans' zu beenden."*

Aussagekräftige Abschluss- bzw. Beschlussformulierungen dienen der raschen Informationsaufnahme – dem „eiligen" Protokollleser ebenso wie demjenigen, der die Beschlüsse in eine entsprechende Liste einarbeiten soll (siehe dazu auch Seite 184 bzw. Punkt 4.3).

Beispiele:

Beschluss: Der Antrag wird einstimmig genehmigt.

Beschluss: Der Antrag wird mit Stimmenthebung von Herrn Dr. X. genehmigt.

Beschluss: Nach eingehender Diskussion wird der Tagesordnungspunkt neuerlich in der nächsten Sitzung zur Beschlussfassung vorgelegt.

Es wird der einhellige Beschluss gefasst, dem Antrag der Marketingabteilung mit Ausnahme des Punktes 2 zuzustimmen. Punkt 2 wird neuerlich formuliert und zur Beschlussfassung vorgelegt werden.

Beschluss: einstimmig abgelehnt.

Es wird Übereinstimmung darüber erzielt, den Antrag in dieser Form abzulehnen. Die Personalabteilung wird beauftragt, ...

Formulierungsregel 5:
Jeder Redebeitrag beginnt mit einem „Einführungswort“.

Beispiele:

Herr M teilt mit,
Frau R gibt bekannt,
Herr T bezweifelt ...

Diese Einführungsworte sind deswegen wichtig, da sie viel über den Redner, über die Atmosphäre und Stimmung einer Sitzung aussagen. Durch sie entsteht vor dem geistigen Auge des Lesers ein dynamisches Bild vom Hergang der Diskussion.
Auch um Wortwiederholungen zu vermeiden, sollten Sie möglichst viele solcher Worte kennen und richtig – das heißt mit Gefühl und Gespür für die Zusammenhänge – einsetzen.
Testen Sie sich selbst: Auf den folgenden Seiten finden Sie Einführungsworte – wie viele ähnliche Worte fallen Ihnen jeweils ein, wie groß ist Ihr Wortschatz?
Auf der jeweils folgenden Seite finden Sie unsere Vorschläge – überlegen Sie erst selbst, bevor Sie diese anschauen!

Also viel Spaß beim „Wörter suchen“!

ÜBUNG

Wenn ein Redner etwas **allgemein äußert**, etwas **erklärt ...**

....

....

....

....

....

....

Formulierungsvorschläge:

sagen
erläutern
anführen
bekanntgeben
Stellung nehmen
denken
auslegen
erwähnen
zu diesem Punkt sprechen
darlegen
feststellen
vorbringen
bemerken
eröffnen
sprechen zu
die Aufmerksamkeit lenken auf
Bezug nehmen
zusammenfassen
eingehen auf
klarlegen
erwägen
einwerfen
davon ausgehen
sich damit befassen
fortfahren
verdeutlichen
versichern
auf etwas aufmerksam machen
sich bereit erklären

Wenn ein Redner **mitteilt, berichtet** ...

Statt mitteilen, berichten können Sie auch schreiben:

....

....

....

....

....

....

Formulierungsvorschläge:

berichten
ausführen
unterrichten
darlegen
vortragen
referieren
beschreiben
bekannt geben
Kenntnis geben
zitieren
hinzufügen
schildern
informieren
wissen lassen
übermitteln
verlesen
angeben
erläutern
Auskunft geben

Wenn ein Redner **meint** ...

Statt meinen können Sie auch formulieren:

....

....

....

....

....

....

Formulierungsvorschläge:

glauben
behaupten
denken
sich beziehen
geltend machen
Stellung nehmen
auslegen
dafürhalten
annehmen
finden
vermuten
den Eindruck haben
den Standpunkt vertreten
feststellen
der Meinung sein
die Meinung vertreten
für richtig halten
für wichtig halten
dazu neigen
überzeugt sein
der Ansicht sein
davon ausgehen
erachten
kommentieren
folgern
begründen
den Schluss ziehen
bemerken
sich bekennen zu

Wenn ein Redner **betont** ...

Statt betonen können Sie auch schreiben:

....

....

....

....

....

....

Formulierungsvorschläge:

verweisen
begründen
hinweisen
wiederholen
aufmerksam machen
Nachdruck verleihen
demonstrieren
unterstreichen
herausstreichen
hervorheben
herausheben
Wert legen auf
herausstellen
Gewicht legen auf
anerkennen
plädieren für

Wenn ein Redner **bittet** ...

Statt bitten können Sie auch sagen:

....

....

....

....

....

....

Formulierungsvorschläge:

ersuchen
wünschen
ansuchen
auffordern
verlangen
einen Wunsch äußern
eine Bitte vortragen
erbitten

Wenn ein Redner **fragt** ...

Statt fragen können Sie auch schreiben:

....

....

....

....

....

....

Formulierungsvorschläge:

ansprechen
die Frage aufwerfen
Interesse bekunden
ein Problem ansprechen
befragen
anfragen
wissen wollen
ansuchen sich erkundigen
um Auskunft bitten
um Klärung bitten

Wenn ein Redner **vorschlägt** ...

Statt vorschlagen ist auch möglich:

....

....

....

....

....

....

Formulierungsvorschläge:

raten zu
empfehlen
plädieren für
vorlegen
zum Anlass nehmen
vorbringen
eintreten für
zur Diskussion stellen
sich einsetzen für
beantragen
unterbreiten
anregen wollen
den Vorschlag machen

Wenn ein Redner **widerspricht** ...

Statt widersprechen können Sie auch formulieren:

....

....

....

....

....

....

Formulierungsvorschläge:

entgegnen
verneinen
ablehnen
einwenden
verweigern
verurteilen
zurückweisen
missbilligen
abraten
protestieren
leugnen
dagegenhalten
dagegen aussprechen
dagegen sein
beanstanden
bezweifeln
beschuldigen
beklagen
bemängeln
bestreiten
befürchten
Einspruch erheben
sich dagegen wenden
kritisieren
in Abrede stellen
für falsch/unrichtig halten
dagegen geltend machen
zu entkräften versuchen
erwidern
widerlegen
sich dagegen entscheiden
für schwierig/undurchführbar halten
Bedenken äußern
sich nichts versprechen von

Wenn ein Redner **zustimmt** ...

Statt zustimmen ist auch möglich:

....

....

....

....

....

....

Formulierungsvorschläge:

bejahen
bestätigen
gutheißen
befürworten
zusagen
bekräftigen
billigen
beipflichten
begrüßen
unterstützen
zugestehen
anerkennen
der gleichen Ansicht sein
sich dafür aussprechen
eingestehen
gelten lassen
einverstanden sein
für richtig halten
einer Meinung sein
sich der Meinung anschließen
dem Vorschlag zustimmen

Wenn ein Redner **hofft** ...

Statt hoffen ist besser:

....

....

....

....

....

....

Formulierungsvorschläge:

vertrauen auf
erwarten
wünschen
die Erwartung aussprechen
damit rechnen
davon versprechen
nicht zweifeln, dass
sich verlassen auf

Wenn ein Redner **fordert** ...

Statt fordern können Sie auch schreiben:

....

....

....

....

....

....

Formulierungsvorschläge:

appellieren an
verlangen
darauf bestehen
darauf beharren
zur Bedingung machen
begehren

Formulierungsregel 6:
Vermeiden Sie Wortwiederholungen und Doppelaussagen.

Besonders bei den Einführungsworten jedes Redners passieren leicht Wortwiederholungen. Sie haben jetzt Ihren Wortschatz schon genügend trainiert, um dieser Falle zu entgehen.
Achten Sie trotzdem beim Durchlesen Ihres Protokolls auf Wortwiederholungen!
Ebenfalls nicht zum guten „Stil" gehören Doppelaussagen, die entweder durch das Hinzufügen einer unnötigen Vorsilbe oder durch ein unnützes Eigenschaftswort, wie z. B. bei „neu renovieren" oder „der weiße Schimmel", entstehen. Das Wort „neu" steckt ja schon in re**no**vieren drin – es genügt also „renovieren"! Und der weiße Schimmel ist auch nicht weißer als der Schimmel!

Übung

statt	**schreiben Sie**
Rückantwort	....
hinzuaddieren	....
aufaddieren	....
zusammenaddieren	....
abändern	....
abkopieren	....
übersichtlich ordnen	....
übersenden	....
überprüfen	....
aufzeigen	....

neu ersetzen	....
Telefonanruf	....
Rückantwort	....
Antwortschreiben	....
Unkosten	....
schlussendlich	....
Rabattabzug	....
Ermäßigungsabzug	....
Kontrollprüfung	....
einzelne Details	....
einzelne Teile	....
letzten Endes	....
briefliches Schreiben	....

Formulierungsvorschläge:

statt	**besser**
Rückantwort	Antwort
hinzuaddieren	addieren
aufaddieren	addieren
zusammenaddieren	addieren
abändern	ändern
abkopieren	kopieren
übersichtlich ordnen	ordnen
übersenden	senden
überprüfen	prüfen

aufzeigen	zeigen
neu ersetzen	ersetzen
Telefonanruf	Anruf, Telefonat
Rückantwort	Antwort
Antwortschreiben	Antwort, Brief
Unkosten	Kosten
schlussendlich	schließlich
Rabattabzug	Rabatt
Ermäßigungsabzug	Ermäßigung
Kontrollprüfung	Prüfung
einzelne Details	Details
einzelne Teile	Teile
letzten Endes	am Ende
briefliches Schreiben	Brief

Formulierungsregel 7:
Gehen Sie sparsam mit Eigenschaftswörtern um

Sie sollen in Ihrem Protokoll nicht werten – beigefügte Adjektive tun aber genau das.

Beispiele:

„die unwichtige Behauptung des Herrn Lein ..."
„die zu kurze Darstellung des Sachverhaltes durch Frau Schnell ..."

Eine Anhäufung von Eigenschaftswörtern führt auch leicht zu „blumigen" Übertreibungen. Solche Ausschmückungsversuche haben in Ihrem Protokoll nichts verloren.

ÜBUNG

Formulieren Sie bitte besser:

„Herr Meller meint, dass diese unendlich praktische Methode von allen seinen Mitarbeitern überaus geschätzt werde.“

....

....

„Frau Schwarz fordert alle auf, ihre überaus neue, geradezu überwältigende Produktidee schnellstens und umgehend kennenzulernen.“

....

....

„Der Vorsitzende erwähnt, dass er allen mehr als überaus verbunden sei.“

....

....

Formulierungsregel 8:
Kürzen Sie Höflichkeitsfloskeln.

Es interessiert den Leser vermutlich nicht, dass sich Herr Förmlich endlich im erlesenen Kreis der sehr geschätzten Herren Dr. Kurt und Dr. Lang sowie der hoch verehrten Frau Mag. Chrest seinen außerordentlich wichtigen Beitrag zur Diskussion zu leisten erlaubt.“

ÜBUNG

Üben Sie die Umformulierung von allzu viel Höflichkeit:

„Der Vorsitzende betont seine überaus große Freude, auch für das abgelaufene Geschäftsjahr wieder unseren von allen Seiten geschätzten langjährigen und

treuen Mitarbeiter, Herrn Ing. Schnell, zum erfolgreichsten Verkäufer der ohnehin immer überdurchschnittlich erfolgreichen Region West 2 zu ernennen."

....

....

....

....

....

....

....

„Auf die Einwände der Frau Klau erwidert Herr Schmeichel, dass er doch immer Frau Klau als überaus kluge, umsichtige und für alle Belange Verständnis aufbringende Mitarbeiterin kennengelernt habe und er daher annehme, dass sich ihr allseits berühmter Weitblick auch in diesem Fall als für sie wegweisend erweisen werde und sie daher im Sinne ihrer geneigten Großzügigkeit entscheiden werde."

....

....

....

....

....

....

....

Formulierungsregel 9:
Straffen Sie – weniger ist mehr!

Ein Beispiel:

„Herr Jung fragt Herrn Alt, ob er nicht aufgrund seiner langjährigen Erfahrung und aufgrund der Tatsache, dass seine Abteilung doch schon so lange an dem Projekt arbeite, die Sachlage noch einmal erklären könne und vor allem zum Thema Schutzvorschriften nochmals Stellung nehmen könne. Herr Alt weist darauf hin, er sei gerne bereit, nochmals auf dieses Projekt einzugehen, da er ja wirklich im Moment mit nichts anderem beschäftigt sei. Insbesondere zu den Schutzvorschriften sei zu sagen, dass ..., was im Übrigen auch im Rundschreiben 4/9 an alle Abteilungen festgehalten sei."

Viel heiße Luft ...
Geht es auch anders?

„Auf die Frage von Herrn Jung erklärt Herr Alt nochmals die Schutzvorschriften und verweist auf das Rundschreiben 4/9"

Glauben Sie nicht auch, dass ein Protokollführer so dem Leser einen großen Gefallen tut?

ÜBUNG

Üben Sie das Straffen von Texten:

„Herr Dr. Umsicht empfiehlt, dass man stets mit äußerster Bedachtnahme und Umsicht auf alle sichtbaren und unsichtbaren Umweltfaktoren reagieren und die Gesamtheit der möglichen Vorfälle in Erwägung ziehen solle, bevor man eine aktive, mit Konsequenzen behaftete schriftliche Willensäußerung zu setzen erwäge."

....

....

....

....

....

....

....

„Frau Eifer berichtet, dass sie in Anbetracht der Überprüfung aller Fakten und nach genauester Rücksprache mit allen Abteilungen und im gegenseitigen Einverständnis mit allen Mitarbeitern ihrer Abteilung zu der Ansicht gekommen sei, dass sie vor einer etwaigen Unterfertigung des vorgelegten Vertrages in diesem Stadium zu keiner Stellungnahme bereit sei, da man zum jetzigen Zeitpunkt noch keine genauen Folgen in Betracht ziehen könne, da man ja nicht in die Zukunft sehen könne."

....

....

....

....

....

....

....

Formulierungsregel 10:
Vermeiden Sie Aneinanderreihungen von Vorwörtern und verstaubte Formulierungen.

Viele Vorwörter nebeneinander wirken schwerfällig, umständlich und manchmal widersprüchlich. Häufig verbergen sich auch hinter so einer Aneinanderreihung Redewendungen, die im Laufe der Zeit ihren Sinn verloren haben und nicht mehr in unseren modernen Sprachgebrauch passen. Doch gerade im beruflichen Umgangston haben sich viele dieser Wendungen behauptet. Entfernen Sie diese „heiße Luft" aus Ihren Protokollen!

ÜBUNG

Formulieren Sie bitte leserorientierter:

1 *„Mit an Sicherheit grenzender Wahrscheinlichkeit ...“*

....

....

2 *„Von für diese Aufgabe engagierten Mitarbeitern wurde entgegnet ...“*

....

....

3 *„Das Verhältnis von den für diesen Bereich Zuständigen sei nicht das beste.“*

....

....

4 *„Der nach Bekanntgabe der diesbezüglichen Vorschriften zwecks Erstellung eines Protokollführers getroffene Entscheid zur Ernennung Frau Meiers zur Protokollführerin wurde allgemein gutgeheißen ...“*

....

....

....

5 *„In seiner Eigenschaft als Protokollführer meldet Herr Meier seinerseits ernsthafte Bedenken der in dieser Neuerung enthaltenen Vorschriften an.“*

....

....

Lösungsvorschläge der Autorinnen:

1 *„Sehr wahrscheinlich ...", „Sicher ..."*

2 *„Mitarbeiter, die für diese Aufgabe ausgewählt wurden, wendeten ein ..."*

3 *„Das Verhältnis der zuständigen Mitarbeiter untereinander sei nicht das beste."*

4 *„Frau Meier wurde den Vorschriften entsprechend zur Protokollführerin ernannt. Alle haben diese Bestellung gutgeheißen."*

5 *„Der Protokollführer, Herr Meier, äußert seine Bedenken zu den neuen Vorschriften."*

Formulierungsregel 11:
Setzen Sie Fremdwörter sparsam ein.

Wer unnötig viele Fremdwörter verwendet, will mit seinem Wissen, seiner Bildung beeindrucken, ja manchmal sogar einschüchtern. Diese Art der „Fremdwörterei" ist eindeutig mit Angeberei gleichzusetzen. Wer beim Lesen eines Protokolls nicht ohne Fremdwörterbuch auskommt, wird verärgert sein.

Fremdwörter sind immer auch eine Modeerscheinung. Früher hat die vornehme Welt mit französischen bzw. lateinischstämmigen Worten nur so um sich geworfen, jetzt beziehen wir unsere Lieblingswörter aus dem Englischen. Es wird nicht mehr *minimiert*, sondern *downgesized.* Wir *parlieren* nicht mehr, wir betreiben *Small Talk* im Sinne eines *Networking.*

Verstehen Sie uns richtig: Wir wollen nicht um jeden Preis immer ein deutsches Wort für ein Fremdwort verwendet wissen. Sprache ist etwas Dynamisches und dazu gehört auch das „Einbürgern" von Wörtern aus anderen Sprachen. Manche Ausdrücke lassen sich auch nicht so richtig übersetzen, manchmal gibt es einfach kein deutsches Wort mit gleicher Bedeutung. Übersetzen um jeden Preis kann oft zu einer völlig anderen Bedeutung führen. Ein „Motivationsdefizit" ist nicht einfach mit „Faulsein" zu übersetzen!

Das gilt natürlich besonders für die je nach Berufsbereich unterschiedliche Fachsprache. Auch unternehmensintern sind oft gewisse Fachbegriffe fest im Sprachgebrauch verankert. Für den „*Insider*-Gebrauch" ist es daher richtig, auf diese Fremdwörter zurückzugreifen. Wir wollen darauf hinweisen, wie oft wir durch einen übermäßigen Gebrauch an Fremdwörtern eine klare,

verständliche Sprache verhindern. Sie sollten sich immer bewusst sein, für wen Sie das jeweilige Protokoll verfassen. Lesen es auch Außenstehende, müssen Sie mit betriebsinternen Fachwörtern vorsichtiger umgehen.
Ganz besonders aber stören uns die vielen völlig unnützen Fremdwörter, die nur beeindrucken wollen. Womit wir wieder bei der eingangs erwähnten heißen Luft wären ...

ÜBUNG

Übersetzen Sie bitte die folgenden „ungemein beeindruckenden“ Sätze:

1 *„Der erste Redner meint, man möge den Usus der Termini Technici auf ein Minimum reduzieren.“*

....

....

2 *„Die Cash-and-Carry-Outlets in der Citypositionierung hätten sich ex post als Top-Cashcows erwiesen und würden daher auf dem Annualmeeting präsentiert.“*

....

....

....

3 *„Im Zeitalter einer permanenten Organisationsfluktuation, die von allen Consultants ein Höchstmaß an progressiver Identifikationsflexibilität verlangt, wird auf die Notwendigkeit eines spare-time-orientierten Networkings im systemimmanenten Corporate-Sports- and Acivity-Center hingewiesen.“*

....

....

....

4 *„Frau Frick weist auf eine erhöhte Sensibilisierung im Bereich Middle-Level in Bezug auf Akzeptanz der fusionsimmanenten Mitarbeiterintegration hin."*

....

....

....

Vorschläge der Autorinnen:

1 *„Der erste Redner bittet um einen sparsamen Gebrauch von Fremdwörtern."*

2 *„Die Cash-and-Carry-Geschäfte in der Innenstadt haben sich im Nachhinein als sehr ertragreich erwiesen und werden daher auf dem Jahres-Meeting vorgestellt."*

3 *„Ständig wechselnde Organisationsformen verlangen von den Beratern ein hohes Maß an Anpassungsfähigkeit. Es ist daher notwendig, den Mitarbeitern die Möglichkeit zur gemeinsamen Freizeitgestaltung in einem unternehmenseigenen Sportzentrum zu geben."*

4 *„Frau Frick weist auf mögliche Probleme in der mittleren Ebene hin, die durch die Zusammenführung der Mitarbeiter nach der Fusion entstehen könnten."*

Im Folgenden einige Beispiele für Fremdwörter, die als Fachausdrücke gelten und für die es meist nicht angebracht ist, einen deutschen Ausdruck zu wählen:

Airbag
Hardware und Software
anonym
Abonnement
Quittung
Devisen
Marketing
Rabatt und Skonto
Amateur

Discounter
Reparatur
Universum
Bestseller
Vernissage
Pipeline
Showbusiness
Virtual Reality
Job
Team
Flop
Trend
Meeting
Trainer
Know-how
Small Talk
Diskretion
Motivation

Diese Liste ließe sich beliebig lang fortführen: sie soll unseren Lesern ein Gefühl dafür vermitteln, wie viele Fremdwörter wir in unserer alltäglichen Umgangssprache – vor allem im Berufsleben – verwenden. Sie haben unsere Sprache erweitert und bereichert. Zudem würde kein Mensch mehr auf die Idee kommen, einen „Patienten" als „zu behandelnden Kranken" zu bezeichnen.

Liste der „ersetzbaren" Fremdwörter

Es gibt aber auch eine ganze Reihe von Fremdwörtern, die wir je nach Situation durchaus durch ein deutsches Wort ersetzen können. Wir haben im Folgenden eine Reihe dieser Wörter alphabetisch aufgelistet. Wir haben uns dabei bewusst auf jene Fremdwörter beschränkt, für die es ein entsprechendes deutsches Wort gibt, wo es Sinn macht, auch einmal die deutsche Version zu verwenden. Doch nicht in jeder Situation ist dieses deutsche Wort auch passend.

Viele der folgenden Fremdwörter werden Ihnen auch gar nicht mehr als solches erkenntlich sein, so sehr sind sie schon Bestandteil unserer Sprache geworden.
Entscheiden Sie selbst, wann und wo Sie eines der folgenden Wörter „übersetzen“ wollen. Und so ganz nebenbei erweitern Sie so auch noch Ihren Sprachschatz!

A

abnorm	ungewöhnlich, außergewöhnlich
abrupt	unvermittelt, plötzlich
absolut	gänzlich, unbedingt, unabhängig
absolvieren	ausführen, durchführen
Abstinenz	Enthaltsamkeit
abstinent	enthaltsam
absorbieren	aufsaugen, gänzlich in Anspruch nehmen
abstrahieren	verallgemeinern, darstellen
absurd	widersinnig, unlogisch, sinnlos, ungereimt
Adaption	Anpassung, Umwandlung
adaptieren	anpassen, umwandeln
adäquat	angemessen, entsprechend
Adjunkt	Gehilfe
Administration	Verwaltung
Adressat	Empfänger
Affinität	Nähe, Anziehungskraft, Ähnlichkeit
affirmativ	bejahend, bestätigend
Affront	Beleidigung
Agenda	Terminplaner, Terminkalender
aggressiv	angreifend
agieren	handeln, tun, wirken
agil	behände, flink, geschäftig
Agreement	Übereinkommen, Abmachung
Airport	Flughafen
akkumulieren	anhäufen, ansammeln, speichern
akkurat	sorgfältig, genau

Akquisition	Kauf, (Neu-)Erwerbung
akribisch	sehr sorgfältig, genau, gewissenhaft
aktualisieren	auf den neuesten Stand bringen
akut	dringend, dringlich
Akzent	Betonung, Aussprache
akzentuieren	betonen, hervorheben
akzeptabel	annehmbar, brauchbar
akzeptieren	annehmen
à la longue	auf die Dauer
allergisch	überempfindlich
alternativ	wahlweise
alternieren	abwechseln, einander ablösen
altruistisch	selbstlos, uneigennützig, aufopfernd
Ambition	Ehrgeiz
amüsieren	unterhalten, belustigen, sich vergnügen
analog	entsprechend, ähnlich, gleichartig
analysieren	untersuchen, zerlegen, zergliedern
Amnesie	Strafnachlass, allgemeine Begnadigung
animieren	anregen, beleben, ermuntern, verleiten
annektieren	sich gewaltsam aneignen
annullieren	für null und nichtig erklären
anonym	ungenannt
Antipathie	Abneigung, Widerwillen
antiquiert	veraltet, altmodisch, überholt
antizipieren	(gedanklich) vorwegnehmen, vorausahnen
Apathie	Teilnahmslosigkeit
Appell	Aufruf
applaudieren	Beifall spenden
approximativ	angenähert, ungefähr
a priori	grundsätzlich, von vornherein
apropos	übrigens
äquivalent	entsprechend, gleichwertig
Ära	Zeitalter, Amtszeit

Argument	Beweis, Rechtfertigungsgrund, Punkt der Beweisführung
argumentieren	begründen, darlegen
arrangieren	anordnen, einrichten
arretieren	verhaften, festnehmen
arrogant	eingebildet, anmaßend, überheblich
artifiziell	künstlich, unecht
artikulieren	aussprechen, zum Ausdruck bringen
Aspekt	Blickwinkel, Gesichtspunkt
assimilieren	angleichen, anpassen
ästhetisch	stilvoll, schön, geschmackvoll, ansprechend
attackieren	angreifen
attestieren	bescheinigen
Attribut	Eigenschaft, Merkmal, Kennzeichen
Auktion	Versteigerung
ausmanövrieren	ausschalten
ausrangieren	wegwerfen
ausstaffieren	ausstatten
authentisch	echt, zuverlässig, verbürgt
autonom	selbstständig, unabhängig
autorisieren	bevollmächtigen, genehmigen
avancieren	aufrücken
avisieren	ankündigen, benachrichtigen

B

Background	Hintergrund
Bagatelle	Kleinigkeit, unbedeutende Angelegenheit
bagatellisieren	verniedlichen
Balance	Gleichgewicht
banal	gewöhnlich
Barriere	Schranke, Hindernis
basieren	beruhen, gründen, stützen
Bastion	Festung, Bollwerk

bigott	scheinheilig
bilateral	zweiseitig
bilingual	zweisprachig
Billett	Eintrittskarte, Fahrkarte
bizarr	absonderlich, eigenartig, fremdartig
blamabel	beschämend
blamieren	bloßstellen
Blessur	Verletzung, Verwundung
blockieren	versperren, behindern
Bodyguard	Leibwächter
bombardieren	beschießen, bewerfen
bona fide	guten Glaubens
Bonus	Gutschrift, Vorteil, Vorsprung
Boss	Chef, Vorgesetzter
brillant	ausgezeichnet, hervorragend
brillieren	glänzen
brisant	hochexplosiv, hochaktuell
Brisanz	Sprengkraft, Aktualität
brüsk	barsch, schroff
Business	Geschäft, Geschäftsleben

C

Camp	Lager
canceln	streichen, absagen, rückgängig machen
Carte blanche	unbeschränkte Vollmacht
cash/Cash	bar/Bargeld, Barzahlung
Catering	Verpflegung
Champion	Meister
Chance	Gelegenheit
chaotisch	wirr, ungeordnet
charakteristisch	bezeichnend, kennzeichnend
Charisma	Ausstrahlung
charmant	gewinnend, liebenswürdig, bezaubernd

chartern	mieten
checken	nachprüfen, verstehen, begreifen
Check-up	Überprüfung, Untersuchung
chiffrieren	verschlüsseln
cholerisch	jähzornig, aufbrausend
chronisch	dauernd, ständig, anhaltend
chronologisch	zeitlich geordnet
City	Innenstadt, Stadtzentrum
clever	taktisch schlau, geschickt
coachen	betreuen
Consulting	Beratung
Contest	Wettbewerb
cool	leidenschaftslos, sachlich-nüchtern, kühl
Copyright	Urheberrecht
Counter	Schalter, Theke
Courage	Mut, Beherztheit
Cover	Titelseite, Hülle
Crash	Zusammenstoß, Zusammenbruch
Crew	Mannschaft

D

Darling	Liebling
Date	Verabredung, Treffen
Deal	Handel, Geschäft
Debakel	vernichtende Niederlage, Zusammenbruch
dechiffrieren	entschlüsseln
deeskalieren	stufenweise abschwächen, verringern
de facto	tatsächlich
Defekt	Schaden, Mangel
Defensive	Verteidigung, Abwehr
definieren	abgrenzen, genau erklären
definitiv	endgültig, bestimmt
Defizit	Fehlbetrag, Mangel

deformieren	verunstalten, entstellen
degoutant	ekelhaft, abstoßend
degustieren	kosten, prüfen
de jure	von Rechts wegen, rechtlich
deklamieren	vortragen
Deklaration	Erklärung
dekodieren	entschlüsseln
delektieren	ergötzen
Delikt	Straftat
demagogisch	aufwiegelnd, hetzerisch
demaskieren	entlarven
dementieren	widerrufen
demolieren	zerstören
demonstrativ	herausfordernd, betont auffallend, hinweisend
demoralisieren	entmutigen
denunzieren	anzeigen, brandmarken, verurteilen
Dependenz	Abhängigkeit
deplatziert	unangebracht, fehl am Platz
deponieren	hinterlegen, niederlegen
depressiv	traurig, niedergeschlagen, bedrückt
derangieren	stören, verwirren
desavouieren	bloßstellen, im Stich lassen, verleugnen
Desinteresse	Gleichgültigkeit
Deskription	Beschreibung
desolat	trostlos, traurig
despektierlich	geringschätzig, abfällig
Destination	Bestimmung, Bestimmungsort, Endzweck
Destruktion	Zerstörung
destruktiv	zerstörend, zersetzend, bösartig, hemmend
detailliert	genau, in allen Einzelheiten
determinieren	bestimmen, begrenzen, entscheiden
Developer	Entwickler
Devise	Wahlspruch

devot	unterwürfig, demütig
dezent	zurückhaltend, unaufdringlich, feinfühlig, taktvoll
dezidiert	entschieden, bestimmt, energisch
dezimieren	vermindern
diabolisch	teuflisch
diametral	entgegengesetzt
diffamieren	verunglimpfen, herabsetzen
Differenz	Unterschied, Unstimmigkeit, Zwist
differenziert	aufgegliedert, vielschichtig
differieren	von einander abweichen
diffizil	schwierig
diffus	zerstreut, ohne Abgrenzung
Diktion	Ausdrucksweise
Dimension	Ausmaß, Ausdehnung, Abmessung
diminuieren	verkleinern, verringern, vermindern
Direktive	Anweisung, Verhaltensregel
Diskrepanz	Widersprüchlichkeit
diskret	unauffällig, taktvoll, rücksichtsvoll
diskriminieren	benachteiligen, dem Ruf schaden
diskutieren	erörtern, besprechen
disponibel	verfügbar
Disput	Streit
disqualifizieren	ausschließen, für untauglich erklären
Dissonanz	Unstimmigkeit, Missklang
Distanz	Abstand, Entfernung
distanzieren	abrücken, Abstand nehmen, besiegen
distinguiert	vornehm
distribuieren	verteilen, austeilen
divergieren	auseinanderstreben, auseinandergehen
diverse	einige
Dokument	Urkunde, Schriftstück, Beweis
dokumentieren	zeigen, beweisen

Domäne	Spezialgebiet, Herrschaftsgebiet
dominant	vorherrschend, bestimmend
dominieren	bestimmen, herrschen
Domizil	Wohnsitz
Dotierung	Entgelt, Gehalt
drastisch	stark, deutlich, sehr anschaulich
Drink	Getränk
dubios	zweifelhaft, fragwürdig
düpieren	täuschen, überlisten
duplieren	verdoppeln
duplizieren	verdoppeln

E

Effekt	Wirkung, Erfolg
effektiv	tatsächlich, wirklich
Effektivität	Wirksamkeit, Durchschlagskraft, Leistungsfähigkeit
effizient	besonders wirksam, leistungsfähig
Effizienz	Wirksamkeit, Wirtschaftlichkeit
egalisieren	ausgleichen
Egalität	Gleichheit
egozentrisch	ichbezogen
Eklat	Aufsehen, Skandal
eklatant	offenkundig, auffallend
Elan	Schwung, Spannkraft, Begeisterung
elastisch	dehnbar, biegsam
Elektion	Auswahl, Wahl
elegant	vornehm
elementar	grundlegend, wesentlich, ungebändigt
eliminieren	herauslösen, beseitigen
elitär	auserlesen, besonders
eloquent	beredt, beredsam
Eloquenz	Beredsamkeit

emanzipiert	unabhängig, selbstständig, selbstbewusst
Emballage	Verpackung, Verhüllung
eminent	außerordentlich, äußerst
empirisch	erfahrungsgemäß
energisch	tatkräftig, entschlossen, nachdrücklich
engagieren	verpflichten
engagiert	entschieden eintretend
enorm	sehr, außergewöhnlich, erstaunlich
en suite	ununterbrochen
Enthusiasmus	Begeisterung, Schwärmerei
Episode	Geschehen, Ereignis
eruieren	herausfinden, ermitteln, ausfindig machen
eskalieren	erweitern, ausweiten, verschärfen
eskortieren	begleiten
essenziell	wesentlich, hauptsächlich, lebensnotwendig
etablieren	einrichten, gründen, niederlassen, eingewöhnen
Etappe	Teilstrecke, Abschnitt
Euphorie	Hochstimmung
Evaluation	Bewertung, Beurteilung
evaluieren	beurteilen, bewerten
Event	Veranstaltung, Ereignis
eventuell	möglicherweise, vielleicht
evident	offenkundig, offenbar
exakt	genau, sorgfältig
exaltiert	aufgeregt, überspannt
Examen	Prüfung
examinieren	prüfen, befragen, ausforschen
exekutieren	vollstrecken, ausführen, hinrichten
exekutiv	ausführend
Exempel	Beispiel, Lehre
Exemplar	Einzelstück, Ausgabe
exemplarisch	beispielhaft, musterhaft
Exil	Verbannung

existent	wirklich, vorhanden
Existenz	Leben, Vorhandensein, Lebensgrundlage
existieren	vorhanden sein, leben
exklamieren	ausrufen
exkludieren	ausschließen
exkulpieren	rechtfertigen, entschuldigen, von Schuld freisprechen
exorbitant	außergewöhnlich, übertrieben, gewaltig
expandieren	ausweiten, ausdehnen
expedieren	absenden, abfertigen, befördern
expensiv	kostspielig
Experiment	Versuch, Wagnis
Experte	Sachverständiger, Kenner
Expertise	fachmännische Begutachtung
explizit	ausdrücklich, deutlich
exponieren	ausstellen, herausstellen, darstellen
exportieren	ausführen
exquisit	ausgesucht, erlesen, vorzüglich
extensiv	ausgedehnt, umfassend
extensivieren	ausdehnen
extern	auswärtig, außerhalb, fremd
extravagant	außergewöhnlich, ausgefallen, überspannt
extrem	äußerst, ungewöhnlich, sehr
exzellent	hervorragend, ausgezeichnet
exzentrisch	überspannt
exzeptionell	außergewöhnlich
Exzess	Ausschreitung, Ausschweifung
Eyecatcher	Blickfang

F

Faible	Vorliebe, Neigung
fair	anständig, ehrlich, gerecht
faktisch	tatsächlich, wirklich

fakultativ	freigestellt, wahlfrei
famos	beeindruckend, großartig, prächtig
Fan	Anhänger, Verehrer
Fanatiker	Eiferer
fatal	verhängnisvoll, folgenschwer, unangenehm
fatalistisch	schicksalsgläubig
Fauxpas	Fehltritt, Missgriff
favorisieren	begünstigen, bevorzugen
Fazit	Endergebnis, Erfolg, Summe
Feedback	Rückmeldung, Reaktion, Rückkoppelung
Feeling	Gefühl, Einfühlungsvermögen, Stimmung
feudal	vornehm, herrschaftlich, reichhaltig
Fiasko	Misserfolg, Reinfall, Zusammenbruch
fidel	lustig, heiter, vergnügt
Fight	Wettkampf, Kampf
fighten	hart und verbissen kämpfen
figurieren	abbilden, erscheinen
fiktiv	eingebildet, erdichtet, angenommen
Fiktion	Annahme
Filiale	Zweigstelle, Zweigniederlassung
filigran	feingliedrig
Finale	Ende, Schlussteil, Endkampf
Finesse	Schlauheit, Durchtriebenheit, Besonderheit
fingieren	vortäuschen, erdichten
Finish	Ziel, Ende
Finte	Vorwand, Täuschung, Scheinmanöver
firm	sattelfest, sicher
First Class	erste Klasse, Spitzenklasse
fit	leistungsfähig, in guter Verfassung
flankieren	begleiten, unterstützen, zur Seite stehen
Flash	Rückblende
flexibel	biegsam, beweglich, anpassungsfähig
florieren	gedeihen, günstig entwickeln

fluktuieren	schwanken, schnell wechseln
forcieren	vorantreiben, beschleunigen, betreiben
formieren	bilden, aufstellen
formulieren	festlegen, entwerfen, in Worte kleiden
fragil	zerbrechlich, zart
Fragment	Bruchstück, Überrest
fragmentarisch	unvollendet, bruchstückhaft
frappant	auffallend, treffend, verblüffend
fraternisieren	verbrüdern, vertraut machen
Freelancer	freier Mitarbeiter
frenetisch	stürmisch, tobend, rasend
frequentieren	häufig besuchen, in Anspruch nehmen
Fullspeed	Höchstgeschwindigkeit
fulminant	glänzend, großartig, ausgezeichnet
Fun	Vergnügen, Spaß
Fundament	Grundlage, Grundstein, Grundlehre, Grund
fundamental	grundlegend, schwerwiegend
Furore	Beifall, Aufsehen
Fusion	Zusammenschluss, Verschmelzung

G

Gag	witziger Einfall
Gage	Lohn, Vergütung
Gang	Bande
Garantie	Sicherheit, Gewähr, Zusage
garantieren	bürgen, gewährleisten, verbürgen
gehandicapt	behindert, benachteiligt
generalisieren	verallgemeinern
generell	allgemein
generieren	erzeugen, bilden, gewinnen
generös	großzügig
genial	hervorragend begabt, großartig
Genre	Gattung, Wesen, Art

gigantisch	riesenhaft
global	weltumspannend, umfassend, allgemein
Globetrotter	Weltenbummler
glorifizieren	verherrlichen
Gourmet	Feinschmecker
graduell	stufenweise
grandios	großartig, überwältigend, erhaben
grassieren	um sich greifen, wüten, sich ausbreiten
grazil	zierlich
graziös	anmutig
Greenhorn	Neuling, Anfänger
grotesk	absurd, lächerlich

H

Habitus	Aussehen, Haltung, Benehmen
Halluzination	Sinnestäuschung
Handicap	Hindernis, Benachteiligung
Handling	Handhabung
Handout	Informationsschrift
Handy	Mobiltelefon
Happening	künstlerische Veranstaltung
Happy End	glücklicher Ausgang
harmonisch	übereinstimmend, ausgeglichen
hasardieren	wagen
Headline	Schlagzeile
Headquarter	Hauptsitz, Hauptquartier
Hearing	öffentliche Anhörung
Helikopter	Hubschrauber
heroisch	heldenhaft
heterogen	uneinheitlich
Hierarchie	Rangordnung
Highlight	Höhepunkt
homogen	einheitlich

horizontal	waagerecht
hospitalisieren	ins Krankenhaus einliefern
Hypothese	Annahme

I

idealisieren	verklären, verschönern
ideell	geistig, gedanklich
identifizieren	wiedererkennen
identisch	gleichbedeutend
Idol	Leitbild
ignorant	unwissend
Ignoranz	Unkenntnis, Unwissenheit
illegitim	unrechtmäßig
illiquid	(vorübergehend) zahlungsunfähig
Illusion	falsche Vorstellung oder Einschätzung
illuster	glanzvoll, vornehm
illustrieren	veranschaulichen, erläutern
imaginär	nur in der Vorstellung vorhanden, nicht wirklich
imitieren	nachahmen
immanent	in etwas enthalten, innewohnend
immateriell	geistig
immens	unermesslich groß
Immigrant	Einwanderer
Impact	Belastung, Wirkung
impertinent	unverschämt
implementieren	einführen
implizieren	einbeziehen
implizit	mit gemeint, mit enthalten
imponieren	Eindruck machen
imposant	eindrucksvoll
Impuls	Anstoß, Antrieb, Anregung
inadäquat	unpassend, unangemessen
Incentive	Anreiz

indifferent	gleichgültig, unentschieden
indigniert	peinlich berührt
Indiskretion	Taktlosigkeit
indisponibel	nicht verfügbar
indisponiert	unpässlich
Indiz	Hinweis, Anzeichen, Verdachtsgrund
indizieren	anweisen, auf etwas hinweisen
ineffizient	nicht wirksam
inferior	untergeordnet, minderwertig
infernal	höllisch, teuflisch
Inferno	Hölle
Infiltration	Eindringen
infizieren	anstecken
informativ	aufschlussreich
inhomogen	nicht gleichartig
initiieren	den Anstoß geben
Inklination	Neigung, Hang
inkludieren	einschließen
inklusive	einschließlich
inkonsistent	widersprüchlich
inopportun	unpassend
Inserat	Anzeige
Insider	Eingeweihter
insistieren	beharren
Insolvenz	Zahlungsunfähigkeit
inspizieren	überprüfen
instabil	unbeständig
instruieren	anweisen, anleiten, einschulen
intensivieren	verstärken, steigern
interimistisch	vorläufig, einstweilig

K

Kalamität	Peinlichkeit, Notlage

Kalkül	Überlegung, Vorausberechnung
Kalkulation	Kostenermittlung, Berechnung
kalmieren	beruhigen, besänftigen
kandidieren	sich bewerben
Kapazität	Fassungsvermögen
kapitulieren	aufgeben, sich ergeben
kapriziös	launenhaft, eigenwillig
kaschieren	verhüllen, verbergen, verheimlichen
Katalog	Verzeichnis
katastrophal	verhängnisvoll, furchtbar, schlimm
kategorisch	bestimmt, mit Nachdruck
kausal	ursächlich
Kausalität	Zusammenhang von Ursache und Wirkung
Kick	Anstoß
Kick-off	Beginn, Anstoß
kidnappen	entführen
killen	vernichten, töten
Kingsize	Großformat
klassifizieren	einordnen, einteilen, abstempeln
Koexistenz	Nebeneinanderbestehen, nebeneinander Dasein
Kohärenz	Zusammenhang
kollaborieren	zusammenarbeiten (mit dem Feind)
kollegial	freundschaftlich, hilfsbereit
Kollekte	Spendensammlung
kollidieren	zusammenstoßen
Kollision	Zusammenstoß
kolossal	riesig, gewaltig
komfortabel	behaglich, bequem
Komitee, Kommission	Ausschuss
kommandieren	befehlen
Kommando	Befehlsgewalt, Befehl
Kommentar	Anmerkung, Erklärung, Stellungnahme
kompatibel	zusammenpassend, austauschbar

Kompensation	Ausgleich, Ersatzbefriedigung, Wirkungsaufhebung
kompensieren	ausgleichen, aufheben
kompetent	fähig, zuständig, befugt
Kompetenz	Vermögen, Fähigkeit, Zuständigkeit, Befugnis
Kompetenzkonflikt	Zuständigkeitsstreit
komplementär	sich gegenseitig ergänzend
komplett	vollständig, vollzählig, ganz
komplettieren	vervollständigen, auffüllen, ergänzen
komplex	vielschichtig, umfassend
Komplikation	Schwierigkeit, Erschwerung, Verwicklung
kompliziert	schwierig, umständlich
Komplott	Verschwörung
komprimieren	zusammenpressen, verdichten
kompromittieren	bloßstellen, schaden
Kondition	Geschäftsbedingung, Verfassung, Leistungsfähigkeit
Konflikt	Streit, Widerstreit, Zwiespalt
konform	übereinstimmend, einig
Konfrontation	Gegenüberstellung
Konfusion	Verwirrung, Zerstreutheit, Unklarheit
kongruent	übereinstimmend
Konjunktur	Wirtschaftslage, Wirtschaftsentwicklung
konkludent	schlüssig
konkretisieren	näher bestimmen, deutlich machen, ausführen
Konnex	Verbindung, Zusammenhang
Konsens	Übereinstimmung, Einigung, Zustimmung
konsequent	folgerichtig, unbeirrbar, beharrlich
konservieren	behalten, bewahren
Konsistenz	Zusammenhang, Beschaffenheit
konsolidieren	in seinem Bestand festigen, zusammenlegen
Konspiration	Verschwörung
konstant	unveränderlich, gleichbleibend, beharrlich

konstatieren	feststellen, bemerken
konsterniert	bestürzt, fassungslos
konstituieren	gründen, bilden, festlegen
Konstitution	Verfassung
K(C)onsultant	Berater, Gutachter
konsultativ	beratend
kontemporär	zeitgenössisch
kontern	entgegnen
Kontext	Zusammenhang
kontinuierlich	stetig, fortdauernd, unaufhörlich
Kontinuität	lückenloser Zusammenhang, Fortdauer
Kontradiktion	Widerspruch
Kontrahent	Gegner
kontrahieren	zusammenziehen, einen Vertrag abschließen
konträr	gegensätzlich, entgegengesetzt
kontribuieren	beitragen
Kontrolle	Aufsicht, Überwachung, Überprüfung, Herrschaft und Gewalt
kontrollieren	überwachen, überprüfen, beherrschen
kontrovers	strittig, entgegengesetzt
Kontroverse	Meinungsverschiedenheit, Auseinandersetzung
Kontur	Umriss
konventionell	herkömmlich, althergebracht, förmlich
Konvergenz	Annäherung, Übereinstimmung
Konversation	Gespräch, Plauderei
konvertibel	frei austauschbar
Konvolut	Sammlung, Sammelband, Sammelmappe
konzedieren	zugestehen, einräumen, erlauben
Konzentrat	Zusammenfassung
Konzept	Entwurf, Plan, Programm
Konzession	Zugeständnis, Entgegenkommen
konziliant	umgänglich, verbindlich, versöhnlich
konzipieren	entwerfen, entwickeln

Kooperation	Zusammenarbeit
kooperativ	gemeinsam, zur Zusammenarbeit bereit
kooperieren	zusammenarbeiten
koordinieren	(aufeinander) abstimmen
korrekt	richtig, fehlerfrei
Korrektur	Verbesserung, Berichtigung
Korrelation	Wechselbeziehung
korrigieren	berichtigen, verbessern
korrupt	bestechlich, (moralisch) verdorben
Kosmopolit	Weltenbürger
kreativ	schöpferisch, gestaltend
kriminell	strafbar, verbrecherisch
Kulanz	Entgegenkommen, Großzügigkeit
kursieren	umlaufen, die Runde machen

L

lakonisch	kurz, einfach
lapidar	knapp, kurz und bündig
Lapsus	Fehler, Versehen, Schnitzer
latent	versteckt, verborgen vorhanden
Layout	Entwurf zur Text- und Bildgestaltung
Leader	Spitzenreiter
legendär	sagenhaft, unglaublich
legitim	rechtmäßig anerkannt
Level	Rang, Stufe, Leistungsgrad
Lifestyle	Lebensstil
Limit	Grenze
limitieren	begrenzen
linear	geradlinig
liquid	flüssig, verfügbar
live	direkt, unmittelbar
Lizenz	Erlaubnis, Genehmigung
logieren	wohnen

lokal	örtlich
lokalisieren	eingrenzen, örtlich bestimmen
Look	Modestil, Aussehen, Note
Loser	Verlierer, Versager
lukrativ	einträglich

M

magisch	zauberhaft, geheimnisvoll
maliziös	arglistig, boshaft
managen	leiten, führen, zustande bringen
Manier	Art und Weise, Stil, Benehmen, Eigenheit
manieriert	unnatürlich, gekünstelt
manifest	offenbar, offenkundig
manipulieren	beeinflussen, lenken
Manko	Fehlbetrag
Manual	Handbuch
Marge	Abstand, Spielraum, Spanne
markieren	kennzeichnen, hervorheben
Maxime	Leitsatz
mental	geistig
Milieu	Umgebung, Umfeld
minimieren	verkleinern
Minorität	Minderheit
minuziös	peinlich genau, kleinlich
Mix	Mischung, Gemisch, Zusammenstellung
Modalität	Art und Weise
moderat	gemäßigt, maßvoll
modifizieren	abändern
Modus	Art und Weise
momentan	augenblicklich, vorübergehend
mondial	weltweit
monoton	gleichförmig, eintönig
Motiv	Beweggrund, Antrieb, Leitgedanke, Thema

motivieren	anregen, veranlassen, erklären
Motto	Leitspruch, Wahlspruch, Kennwort
multipel	vielfältig
mysteriös, mystisch	geheimnisvoll, rätselhaft

N

Narkotikum	Betäubungsmittel
Nationalität	Staatszugehörigkeit
Naturell	Veranlagung, Wesensart
negativ	ablehnend, verneinend
negieren	ablehnen, bestreiten, verneinen
neuralgisch	problematisch, kritisch
neutral	unparteiisch, unabhängig, weder – noch
neutralisieren	unwirksam machen, ausschalten
Newcomer	Neuling
Newlook	neuer Stil, neue Linie
News	Nachrichten, Meldungen, Neuigkeiten
Nimbus	Heiligenschein, Ansehen, Würde
nivellieren	ausgleichen, ebnen
nobel	edel, großmütig, freigiebig
Nobody	Niemand, Unbedeutender
no future	ohne Zukunft
nominieren	vorschlagen, ernennen
nonchalant	nachlässig, formlos, lässig
Nonsens	Unsinn
nonstop	ohne Unterbrechung, ohne Pause
nonverbal	ohne Worte, ohne Sprache
Norm	Regel
normieren	vereinheitlichen, der Regel anpassen
Nostalgie	Sehnsucht nach Früherem, Heimweh
notabene	beachte, übrigens
notieren	aufzeichnen, aufschreiben, vormerken
notifizieren	anzeigen, benachrichtigen

notorisch	offenkundig, allgemein bekannt
Novität	Neuerscheinung, Neuheit
Nuance	feiner Unterschied, Kleinigkeit, Feinheit
nuancieren	sehr fein abstufen, unterscheiden
numerisch	zahlenmäßig

O

Objekt	Gegenstand
objektiv	sachlich, unvoreingenommen, unparteiisch
objektivieren	sachlich darstellen
obligat	unerlässlich, erforderlich, unvermeidlich
obligatorisch	verpflichtend, bindend
observieren	beobachten, überwachen
Obsession	Zwangsvorstellung
obskur	verdächtig, dunkel, unbekannt
obsolet	ungebräuchlich, veraltet
offensiv	angreifend
offerieren	anbieten, darbieten
Office	Büro
offiziell	amtlich, bestätigt, förmlich
off limits	Zutritt verboten
Okkasion	Gelegenheit, Anlass
okkupieren	besetzen
ökonomisch	wirtschaftlich, sparsam
Omen	Vorzeichen, Vorbedeutung
ominös	bedenklich, unheilvoll
omnipotent	(all)mächtig, einflussreich
omnipräsent	allgegenwärtig
on the road	unterwegs
Opening	Eröffnung
opponieren	widersprechen, sich widersetzen
opportun	angebracht, vorteilhaft
opulent	üppig, reichlich

Order	Befehl, Anweisung, Auftrag, Bestellung
ordern	bestellen
orientieren	sich zurechtfinden
original	ursprünglich, echt
originell	ursprünglich, schöpferisch, eigenartig
Outfit	Ausrüstung, Ausstattung
Outsider	Außenseiter
Ovation	Jubel, begeisterte Huldigung

P

paginieren	mit Seitenzahlen versehen
parat	bereit
parieren	einen Angriff abwehren, gehorchen
partiell	teilweise, anteilig
partizipieren	teilhaben
passabel	annehmbar, leidlich
Passus	Abschnitt, Textstelle
pauschal	im Ganzen
pausieren	unterbrechen, rasten
pedant(isch)	übertrieben genau, ordnungsliebend
Pendant	ergänzendes Gegenstück, Entsprechung
penetrant	aufdringlich
penibel	peinlich, genau, mühsam
perfekt	vollkommen, vollendet, abgemacht
Perfektion	Vollendung, Vollkommenheit
perfid	hinterhältig, hinterlistig, tückisch
perforieren	durchlöchern, lochen
periodisch	regelmäßig auftretend, wiederkehrend
peripher	nur am Rande
permanent	dauernd, ununterbrochen, ständig
per se	an sich, von selbst
personifizieren	vermenschlichen
Phantom	Gespenst, Trugbild

Phase	Abschnitt, Stufe
phlegmatisch	schwerfällig, gleichgültig
Phrase	Satz, Redensart, Redewendung, Geschwätz
Physiognomie	Gesichtsausdruck
physisch	körperlich
pikant	angenehm scharf, reizvoll, zweideutig
Pikanterie	Reiz, Zweideutigkeit, Anzüglichkeit
pikiert	gekränkt, beleidigt
pittoresk	malerisch
plädieren	sich für etwas aussprechen
Plafond	Raumdecke
Plagiat	Fälschung, Diebstahl geistigen Eigentums
planieren	einebnen
plastisch	anschaulich, bildhaft, einprägsam, formbar
Plattitüde	nichtssagende Redensart, Plattheit
platzieren	unterbringen, anbringen, belegen
plausibel	einleuchtend, verständlich, begreiflich
pointieren	betonen, unterstreichen, hervorheben
polarisieren	spalten, trennen, Gegensätze schaffen
Polemik	Angriff, scharfe Kritik
polyglott	viele Sprachen sprechend
pompös	prunkhaft, prächtig
populär	beliebt, allgemein bekannt
porös	löchrig, durchlässig
portabel	tragbar
Position	Stellung, Lage, Situation
positionieren	in Stellung bringen, einordnen
positiv	bejahend, zustimmend, günstig, sicher
possessiv	besitzergreifend
postieren	aufbauen, errichten, aufstellen
Postulat	Forderung, These
Potenzial	Leistungsfähigkeit
potenzieren	steigern, erhöhen

Pouvoir	Handlungs-, Verhandlungsvollmacht
Power	Kraft, Stärke, Leistung
prädestiniert	vorherbestimmt, wie geschaffen
Prädikat	Note, Bewertung, Titel
Präferenz	Vorzug, Vorrang
präferieren	vorziehen
pragmatisch	sachbezogen, sachlich, fachkundig
prägnant	treffend, genau dargestellt
praktikabel	brauchbar, zweckmäßig, durchführbar
praktizieren	ausüben
prämieren	auszeichnen
Prämisse	Voraussetzung
Präokkupation	Vorwegnahme, Vorurteil, Befangenheit
Präparation	Vorbereitung, Herstellung
präparieren	bearbeiten, vorbereiten
präsent	anwesend, gegenwärtig, vertreten
präsentabel	ansehnlich, vorzeigbar
präsentieren	überreichen, vorlegen, vorstellen
Präsenz	Anwesenheit, Gegenwart, Ausstrahlungskraft
präsidieren	vorsitzen
präsumtiv	voraussetzend, wahrscheinlich, vermutlich
prätentiös	anspruchsvoll, anmaßend, selbstgefällig
präventiv	vorbeugend, verhütend
Präzedenzfall	Musterfall
präzisieren	genauer bestimmen, eindeutiger beschreiben
Präzision	Genauigkeit, Feinheit
prekär	misslich, schwierig, heikel
Pression	Zwang, Nötigung, Druck
Prestige	Ansehen, Geltung
preziös	geziert, künstlich
primär	zuerst vorhanden, ursprünglich, grundlegend, wesentlich
Primat	Vorrang, bevorzugte Stellung

primitiv	einfach, dürftig, behelfsmäßig
Prinzip	Regel, Grundsatz, Gesetzmäßigkeit
Priorität	Vorrecht, Vorrang
Privileg	Vorrecht, Sonderrecht
probabel	wahrscheinlich, glaubwürdig
probat	erprobt, bewährt, wirksam
produktiv	ergiebig, leistungsstark
produzieren	hervorbringen, erschaffen, erzeugen
profitabel	gewinnbringend
profitieren	Nutzen ziehen, Vorteil haben
profund	tief, gründlich
Prognose	Vorhersage
progressiv	fortschrittlich, sich entwickelnd
Projekt	Plan, Entwurf, Vorhaben, Unternehmung
projektieren	entwerfen, planen, vorhaben
proklamieren	verkünden, erklären, aufrufen
prolongieren	verlängern, stunden
prominent	hervorragend, bedeutend, berühmt
prompt	unverzüglich, unmittelbar
propagieren	verbreiten, werben
prophezeien	weissagen, voraussagen
Proponent	Antragsteller
proportional	verhältnismäßig
prosperieren	gedeihen, vorankommen, gut gehen
protegieren	begünstigen, fördern, bevorzugen
Protektion	Begünstigung, Beförderung, Förderung
provisorisch	vorübergehend, behelfsmäßig
provokant, provokativ	herausfordernd
provozieren	herausfordern, aufreizen, bewirken
pseudo	nicht echt, nachgemacht
publik	öffentlich, offenkundig, allgemein bekannt
publizieren	veröffentlichen, bekannt machen

Q

qualifiziert	besonders geeignet, tauglich
Qualität	Beschaffenheit, Güte, Wert
Quantität	Menge, Anzahl
quasi	gewissermaßen, gleichsam, sozusagen
querulieren	nörgeln
Quintessenz	Endergebnis, Hauptgedanke, Wesen einer Sache
quittieren	den Empfang bestätigen, ein Amt niederlegen

R

Rabatt	Preisnachlass
radikal	vollständig, gründlich, hart, rücksichtslos
raffiniert	durchtrieben, gerissen, schlau
Ranking	Rangliste, Bewertung
Rapport	Bericht
Räson	Vernunft, Einsicht
rational	vernünftig, von der Vernunft ausgehend
rationalisieren	vereinheitlichen, straffen
rationell	vernünftig, sparsam, zweckmäßig
reagieren	ansprechen, eingehen, Gegenwirkung zeigen
reaktivieren	wieder in Gebrauch nehmen
real	wirklich, tatsächlich, sachlich
realisieren	verwirklichen
realistisch	wirklichkeitsnah, sachlich-nüchtern
rebellieren	sich auflehnen, sich widersetzen
recherchieren	nachforschen, ermitteln
Referent	Redner, Gutachter, Sachbearbeiter
reflektieren	zurückstrahlen, nachdenken, erwägen
reformieren	verbessern, erneuern
refundieren	zurückzahlen, ersetzen
regenerieren	erneuern, wiederherstellen, wiedergewinnen
registrieren	eintragen, einordnen, bewusst wahrnehmen, sachlich festlegen

regulär	vorschriftsmäßig, üblich
reinstallieren	wieder einsetzen
rekapitulieren	wiederholen, noch einmal zusammenfassen
Reklamation	Beanstandung, Beschwerde
reklamieren	widersprechen, Einspruch erheben
Rekurs	Einspruch, Berufung, Rückgriff
relativ	verhältnismäßig, vergleichsweise
relaxen	entspannen, erholen
relevant	bedeutsam, wichtig
Relikt	Überrest, Überbleibsel
Reminiszens	Erinnerung
Renommee	Ansehen, guter Ruf
renommiert	berühmt, angesehen, namhaft

S

sabotieren	hintertreiben
Safe	Geldschrank, Schließfach
Salär	Gehalt, Honorar, Lohn
salopp	zwanglos, formlos, ungezwungen, nachlässig
sarkastisch	spöttisch
saturiert	satt, selbstzufrieden
Schema	Entwurf, Plan, Muster
Segment	Abschnitt, Teilstück
segmentieren	zerlegen, gliedern
sekundär	zweitrangig
selektieren	auswählen
sensibel	empfindsam
sensitiv	leicht reizbar, überempfindlich
sentimental	rührselig, empfindsam
separat	abgesondert, einzeln
separieren	absondern, ausschließen
seriös	ernsthaft, anständig, würdig
Shoppingcenter	Einkaufszentrum

Showdown	Entscheidungskampf
signalisieren	deutlich machen, ankündigen, benachrichtigen
Signatur	Unterschrift
signifikant	wichtig, bedeutsam, typisch
simpel	einfach, anspruchslos
simplifizieren	(sehr stark) vereinfachen
Simulation	Verstellung, Vortäuschung, Nachahmung
simultan	gleichzeitig
skandalös	ärgerlich, unglaublich, anstößig, unerhört
skeptisch	misstrauisch, ungläubig
skizzieren	umreißen, andeuten, entwerfen
skurril	sonderbar, eigenwillig
smart	schlau, geschäftstüchtig, schick, durchtrieben
soft	weich, sanft
solid	fest, haltbar, ordentlich
solidarisch	gemeinsam, übereinstimmend, füreinander einstehend
solvent	zahlungsfähig
sondieren	erkunden, ausforschen
sortieren	ordnen, auslesen
souverän	überlegen, sicher
spartanisch	streng, einfach, genügsam, hart
spektakulär	Aufsehen erregend
Spezialist	Fachmann
speziell	vor allem, besonders, eigentümlich
sponsern	finanziell unterstützen, fördern
spontan	unmittelbar, von selbst, freiwillig
sporadisch	vereinzelt, gelegentlich, selten
Sprit	Treibstoff
stabil	beständig, widerstandsfähig, kräftig
stabilisieren	festsetzen, festigen
stagnieren	stocken, stauen, stillstehen
standardisieren	vereinheitlichen

Standing	Rang, Ansehen, Name
stereotyp	feststehend, unveränderlich, ständig, abgedroschen
stigmatisieren	brandmarken, anprangern
stimulieren	anregen, ermuntern, anreizen
stoisch	unerschütterlich ruhig, gelassen, gleichmütig
Stopover	Zwischenaufenthalt
stornieren	rückgängig machen
strapazieren	beanspruchen, abnützen, anstrengen, verbrauchen
strategisch	genau geplant
strikt	streng, genau, pünktlich
stupide	dumm, beschränkt, langweilig
Styling	Formgebung, Gestaltung
substituieren	austauschen, ersetzen
subtil	feinfühlig, schwierig, kompliziert
süffisant	spöttisch-überheblich
sukzessiv	allmählich, nach und nach, schrittweise
summieren	zusammenzählen, vereinigen
superior	überlegen
supplementär	ergänzend
suppressiv	hemmend
Surrogat	Ersatz
suspekt	verdächtig, fragwürdig, zweifelhaft
symptomatisch	bezeichnend
synchron	gleichzeitig, gleichlaufend
synonym	sinnverwandt
System	geordnetes Ganzes
systematisch	planmäßig, gezielt, absichtlich

T

tabu	verboten, unberührbar, unantastbar
Tabula rasa machen	reinen Tisch machen

talentiert	begabt, geschickt
Talk	Gespräch, Unterhaltung
tangieren	berühren, betreffen
taxieren	einschätzen, abschätzen, veranschlagen
Tempo	Geschwindigkeit, Schnelligkeit
temporal	zeitlich
Tendenz	Hang, Neigung, Richtung
tendieren	zu etwas neigen
terminieren	befristen, zeitlich festlegen
Terminus	Begriff, Fachausdruck
timen	zeitlich festlegen
titulieren	benennen, anreden
tolerieren	dulden, zulassen
top secret	streng geheim
touchieren	berühren
tradieren	überliefern, weitergeben
transformieren	umwandeln, umformen, umgestalten, übertragen
transparent	durchsichtig, durchscheinend, deutlich, erkennbar
transportieren	befördern
Trip	Ausflug, Reise, Fahrt
triumphieren	jubeln, besiegen
trivial	alltäglich, gewöhnlich
Tumult	Lärm, Unruhe, Aufruhr
turbulent	stürmisch, ungestüm, lärmend
typisch	bezeichnend, unverkennbar

U

uniform	eintönig, gleichmäßig
uniformieren	einheitlich einkleiden, vereinheitlichen
Uniformität	Einförmigkeit, Gleichförmigkeit
Unikat	Einzelstück
unisono	übereinstimmend

universal	allgemein, gesamt, alles umfassend
universell	umfassend, weit gespannt
unproduktiv	nicht lohnend
Upperclass	Oberschicht
up to date	zeitgemäß, auf dem Laufenden
urban	städtisch, weltmännisch, gebildet
urgent	unaufschiebbar, dringend
urgieren	drängen, nachdrücklich betreiben
Usus	Brauch, Gebrauch, Gewohnheit
Utensil	Gerät, Gebrauchsgegenstand, Zubehör, Hilfsmittel

V

Vagabund	Landstreicher, Herumtreiber
vage	ungewiss, unbestimmt, unsicher, verschwommen
vakant	frei, offen, unbesetzt, erledigt
variabel	veränderbar, wandelbar
Variante	Abart, Spielart, Abwandlung
Variation	Veränderung, Abwandlung
vehement	ungestüm, heftig, leidenschaftlich
ventilieren	erwägen, prüfen, überlegen, lüften
verbal	wörtlich, mündlich
verbalisieren	in Worte fassen
verifizieren	bestätigen, beglaubigen
via	durch, über
vis-à-vis	gegenüber
visualisieren	optisch darstellen
vitalisieren	beleben, anregen
Vitalität	Lebenskraft, Lebendigkeit
voluminös	sehr umfangreich
votieren	stimmen, aussprechen
vulgär	derb, gewöhnlich, einfach

W

Warm-up	aufwärmen, Aufwärmrunde
Weekend	Wochenende

X

xenophil	fremdenfreundlich
xenophob	fremdenfeindlich
Xenophobie	Fremdenfeindlichkeit

Y

Yellowpress	Regenbogenpresse, Sensationspresse
Youngster	Jugendlicher

Z

zelebrieren	feierlich gestalten, begehen
Zelebrität	Berühmtheit, Festlichkeit
Zenit	Höhepunkt, Gipfelpunkt
zentrisch	mittig, im Mittelpunkt
Zentrum	Mittelpunkt, Innenstadt
zeremoniell	feierlich, förmlich, steif
Zertifikat	Bescheinigung, Beglaubigung, Zeugnis
zertifizieren	beglaubigen, bescheinigen
zirka	ungefähr, etwa
Zirkulation	Kreislauf, Umlauf
zirkulieren	im Umlauf sein, kreisen
zynisch	verletzend-spöttisch, bissig

In Anlehnung an:
Duden: Das Fremdwörterbuch, Mannheim 2006.

Formulierungsregel 12:
Verwenden Sie Abkürzungen möglichst sparsam.

Abkürzungen machen das Lesen mühsam und vermitteln den Eindruck, dass Sie Zeit und Papier sparen wollten. Der Leser spart dann vielleicht auch Zeit – und liest nicht mehr weiter! So hoffentlich nicht:

> *„Dgl. wolle er frndl. darauf hinweisen, dass es bes. betr. der neuen Infokonf. neue Regeln gebe."*

Aber auch Abkürzungen, die gebräuchlich oder unvermeidlich sind, haben ihre Tücken. Wir empfehlen Abkürzungen in Protokollen möglichst nicht zu verwenden und wenn dann bei der ersten Nennung ausgeschrieben mit der Abkürzung in Klammern anschließen, z. B. Verordnung (V). Professionalität zeigt sich in der richtigen Anwendung der Regeln und Normen. Als kleine Hilfe hier einige der wichtigsten dieser Regeln:

Allgemeine Regeln bei der Verwendung von Abkürzungen

- Abkürzungen, die mit kleinem Buchstaben enden, erhalten am Ende einen Punkt: z. B. Mio., Mrd.
- In schwierigen, umfangreichen Texten kommt die ungekürzte Schreibweise bei Millionen oder Milliarden jedoch der Leserfreundlichkeit entgegen und beugt Missverständnissen vor.
- Wird im Text eine Abkürzung verwendet, die für den Leser nicht allgemein bekannt ist, ist bei deren erstmaligen Verwendung der gesamte Begriff, für den diese Abkürzung steht, ungekürzt anzuführen.
- Mengen- und Maßangaben, Prozentzeichen oder das Paragraphenzeichen stehen im Text getrennt von der Zahl, sofern sie ein ganzes Wort ersetzen, z. B.: 5 %, § 10, 30 m, 3.000 Stk.
- Abkürzungen von Maß- und Währungsangaben oder Himmelsrichtungen ist **kein Punkt** anzufügen, z. B.: USD, EUR; kg, O=Ost(en), S=Süd, W=West, NO;
- Währungsbezeichnungen entsprechend ISO 4217 (z. B.: USD, EUR, CHF) stehen vor oder hinter dem Betrag. In fortlaufendem Text sollten sie hinter dem Betrag stehen.

- **Abkürzungen**, die **in vollem Wortlaut** gesprochen werden und mit einem Kleinbuchstaben enden, sind **mit Punkt** zu schreiben, z. B.: Nr., Abt., bzw., eh., ff., ca.
- Eine Wortgruppe kann als eine Abkürzung behandelt werden und mit Punkt durchgekürzt werden. Zwischen den Abkürzungen kommt nun ein Abstand, da es zwei Wörter sind:
  z. B.
  d. h.
  z. T.
  i. V.
  i. A.
- Abkürzungen, die in Kurzform gesprochen werden, ist kein Punkt anzufügen, z. B.: AG, OHG, GmbH, USA, TÜV, StVO, GewO, Co
- Abkürzungen für Abgaben-(Steuer-)Arten (in Österreich nach der ÖNORM ohne Punkt), können auch mit Punkt geschrieben werden, z. B.:
  ESt./ESt (Einkommensteuer)
  KSt./KSt (Körperschaftsteuer)
  USt./USt (Umsatzsteuer)
- Steht ein Abkürzungspunkt am Ende eines Satzes, entfällt der Schlusspunkt.
- Grundsätzlich sollten Sie im Schriftverkehr auf Abkürzungen verzichten, um die Leserfreundlichkeit zu erhöhen, speziell in E-Mails.

Allgemeine Abkürzungen
(sowohl nach ÖNORM A 1080 als auch nach DIN 5008)

Abk.	Abkürzung, Abkommen
Abs.	Absatz, Absender
Abschn.	Abschnitt
Abt.	Abteilung
a. D.	außer Dienst
Adr.	Adresse
AGB	Allgemeine Geschäftsbedingungen
Anm.	Anmerkung
ao.	außerordentlich
Art.	Artikel

AVB	Allgemeine Vertragsbedingungen
Bd.	Band
Bez.	Bezirk, Bezeichnung(en)
BIC	Bank Identifier Code
BLZ	Bankleitzahl
ca.	zirka
d. h.	das heißt
DIN	Deutsches Institut für Normung e. V.
Dion.	Direktion
d. J.	dieses Jahr
d. M.	dieses Monats
dt.	deutsch
DVR	Datenverarbeitungsregister
eh.	eigenhändig
engl.	englisch
Erl.	Erlass
evtl.	eventuell
f., ff.	(die) folgende (Seite), (die) folgende(n) Seite(n)
FN	Firmenbuchnummer
G	Gesetz
geb.	geboren
gest.	gestorben
gem.	gemäß
Ges.	Gesellschaft
gesch.	geschieden
GZ	Geschäftszahl
h. c.	honoris causa (ehrenhalber)
i. A.	im Auftrag
i. R.	im Ruhestand
IBAN	International Bank Account Number
ISBN	Internationale Standardbuchnummer
ISDN	Integrated Services Digital Network
i. V.	in Vollmacht
Jg. Jgg.	Jahrgang, Jahrgänge
Jh.	Jahrhundert
jun.	junior
Kap.	Kapitel

Kfz, KFZ	Kraftfahrzeug
led.	ledig
Lkw, LKW	Lastkraftwagen
männl.	männlich
med.	medizinisch
Mio.	Million(en)
Mrd.	Milliarde(n)
Nr.	Nummer
o. Ä.	oder Ähnliches, Ähnlichem
Obj.	Objekt
österr.	österreichisch
p. A.	per Adresse
pers.	persönlich
PIN	Personal Identification Number
Pkw, PKW	Personenkraftwagen
PLZ	Postleitzahl
ppa., ppa	per procura
prov.	provisorisch
s.	siehe
S.	Seite(n)
sen.	senior
SWIFT	Society for Worldwide Interbank Financial Telecommunication
TAN	Transaktionsnummer
Tel.	Telefon
UID	Umsatzsteuer-Identifikation
u.	und
u. a.	unter anderem, andere(s)
u. Ä.	und Ähnliches
uAwg., u.A.w.g.	Um Antwort wird gebeten
usw.	und so weiter
V	Verordnung
v.	vom
v. a.	vor allem
verh.	verheiratet
verw.	verwitwet
weibl.	weiblich

Z, Z.	Zahl, Ziffer
z. H.	zu Handen
z. B.	zum Beispiel
z. T.	zum Teil

Anmerkung: Zwischen die Abkürzung von zwei Wörtern kann auch ein Zwischenraum gesetzt werden.

Besondere Funktions-/Berufs-/Amtstitel und Anreden im Brief:

BPräs./Bundespräsident	Sehr geehrter Herr Bundespräsident
BK/Bundeskanzler	Sehr geehrter Herr Bundeskanzler
Ministerpräsident	Sehr geehrter Herr Ministerpräsident
Minister	Sehr geehrter Herr Minister
Bürgermeister	Sehr geehrter Herr Bürgermeister
Präsident	Sehr geehrter Herr Präsident
Präsidentin	Sehr geehrte Frau Präsidentin
Senator	Sehr geehrter Herr Senator
Kardinal	Eminenz (auch: Sehr verehrter Herr Kardinal)
Bischof	Exzellenz (auch: Sehr geehrter Herr Bischof)
Msgr./Monsignore	Monsignore (auch: Sehr geehrter Monsignore + akad. Grad + Name)
Rektor	Sehr geehrter Herr Professor (auch: Magnifizenz)
Dekan	Sehr geehrter Herr Professor (auch: Spektabilität)

Bei Zusammentreffen mehrerer Titel gilt folgende Reihenfolge:
Berufsbezeichnungen – Amtstitel – Berufstitel – akademische Ehrentitel – Standesbezeichnung – sonstige Ausbildungsbezeichnungen – akademische Grade – Name

Formulierungsregel 13:
Schreiben Sie konsequent in der deutschen Rechtschreibung.

Die Neuregelung der aktuellen Rechtschreibung per 1. August 2006 ist am 1. August 2008 nach einer zweijährigen Übergangszeit endgültig in Kraft getreten. Bei der gesamten Rechtschreibreform ging es im Wesentlichen um eine Liberalisierung der schriftlichen Kommunikation. Mit einigen gravierenden Änderungen werden bedeutende Bereiche der Rechtschreibung vereinfacht, Praxiserfahrungen aus den Jahren seit 1996 wurden eingearbeitet und berücksichtigt. Daher werden wir Ihnen, liebe Leser, in diesem Buch gezielte Informationen über die aktuellen Regelungen anführen, um Ihnen die Umsetzung in die Praxis zu erleichtern.

TIPP

- Betrachten Sie Ihren Schriftverkehr als Ihr Marketinginstrument: Der beste Text ist der, der auch wirklich für den Leser geschrieben wurde. Sie schreiben, um etwas auszudrücken, nicht um zu beeindrucken!
- Setzen Sie sich mit der aktuellen Rechtschreibung möglichst gründlich auseinander – eine Information zählt nur dann, wenn sie auch richtig geschrieben ist.

Was ist neu?

1 Schreibung nach dem Stammprinzip:

- Verwandte und abgeleitete Wörter richten sich nach der Schreibung des Stammwortes.

z. B.:	Nummer	nummerieren
	Platz	platzieren
	selbst	selbstständig
	Stopp	stoppen
	Stuck	Stuckatur
	Messe	Messner
	Tipp	tippen
	Stange	Stängel
	Überschwang	überschwänglich
	Ass	
	Gams	Gämse
	grau	gräulich

	Schnauze	schnäuzen
	Aufwand	aufwändig
oder	aufwendig	aufwenden
	frittieren	Fritteuse
	Karamell	karamellisieren

- Dehnungs-h: Die Grundregelung ändert sich nicht, allerdings wurden einige Ausnahmen beseitigt:

z. B.: rau (wie alle Wörter mit au am Ende)
Känguru (wie die übrigen Tiernamen mit u am Ende)
Föhn (sowohl für Wetter- als auch für Haarföhn!)
Rohheit (neu mit Dehnungs-h!)
Zähheit (neu mit Dehnungs-h!)

- Drei aufeinander folgende Konsonanten werden alle geschrieben. Hier weisen wir speziell für das Protokoll auf die **Möglichkeit der Schreibung mit Bindestrich hin, um eine leichtere Lesbarkeit und rasche Informationsaufnahme zu ermöglichen:**

z. B.:	Schritttempo	(*auch*: Schritt-Tempo)
	Schifffahrt	(*auch*: Schiff-Fahrt)
	Sauerstoffflasche	(*auch*: Sauerstoff-Flasche)
	Teeei	(*auch*: Tee-Ei)
	Brennnessel	
	Schlusssatz	(*auch*: Schluss-Satz)
	Kennnummer	(*auch*: Kenn-Nummer)
	Stresssituation	(*auch*: Stress-Situation)
	Nulllohnrunde	(*auch*: Nulllohn-Runde)
	Stillleben	(*auch*: Still-Leben)

Anmerkung: Als Ausnahmen mit zwei Mitlauten bleiben **dennoch**, **Drittel** und **Mittag** bestehen.

2 s-Schreibung:

- Die s-Schreibung richtet sich im Wesentlichen nach dem Wortstamm.
- Das „ß“ wurde nicht abgeschafft.
- Ein- und Mehrzahlformen werden nun immer gleich geschrieben (z. B. Schluss – Schlüsse).
- Ein „ss“ darf auch vor einem „t“ bzw. am Ende eines Wortes stehen.
- Die Schreibweise „sz“ bei „ß“ in Blockbuchstaben wurde durch „ss“ ersetzt.
- **Nach kurzem Vokal steht „ss“,** und zwar sowohl im Wortinneren als auch am Wortende.

z. B.: bisschen
dass (Achtung: grammatisch wird weiterhin zwischen dem Artikel bzw. Pronomen „das“ und dem Bindewort „dass“ unterschieden!)
Fass – fassen
Fluss – Flüsse
hassen – Hass
Kuss – küssen – küssten
muss – müssen
passt – passend
riss
schoss – Schuss

- Nach langem Vokal und Zwielaut steht „ß“, und zwar sowohl im Wortinneren als auch am Wortende.

z. B.: Floß, Maß, außen, vergaß, Fuß, grüßen, weiß

Die Änderung hat den Vorteil, dass bis auf einige Ausnahmen in ein und demselben Wortstamm kein Wechsel in der Schreibweise stattfindet:

z. B.: essen, aß
fließen, floss
fressen, fraß
genießen, genoss
gießen, goss, gegossen
lassen, lässt, gelassen, ließ, ließen
messen, maß
sitzen, gesessen, saß
wissen, weiß, weißt, wusste, gewusst

- Eigennamen, Familiennamen und Fachwörter behalten ihre Schreibweise:

z. B.: Richard Strauss

Anmerkung: die Schweiz schließt sich dieser s-Regelung nicht an und schreibt nach wie vor generell „ss".

3 Fremdwörter:
Grundsätzlich kann die bisherige Schreibweise beibehalten werden. Bei der Neuschreibung geht es um eine Integration der Fremdwörter ins Deutsche durch Veränderung der

a) Vokale:

z. B.:	ai ➔ ä	(Dränage, *auch* Drainage)
	é, ée ➔ ee	(Exposee, *auch* Exposé)
	au ➔ o	(Soße, *auch* Sauce)
	ou ➔ u	(Butike, *auch* Boutique)
	y ➔ j	(Yoga, *auch* Joga)

b) Konsonanten:

z. B.:	c ➔ k	(Kode)
	c ➔ z	(Penizillin)
	c ➔ ss	(Fassette)
	ch, sh ➔ sch	(Sketsch, Schrimps)
	gh ➔ g	(Jogurt)
	qu ➔ k	(Bukett)
	ph ➔ f	(Delfin, Fotograf, Grafik, Biografie)
	rrh ➔ rr	(Katarr)
	t ➔ z	(preziös)
	th ➔ t	(Panter, Tunfisch)

Anmerkung:

- Die genannten Regeln gelten nicht für die Fachsprache.
- Wörter wie Rhythmus, Apotheke, Asthma, Rhetorik, Theater, Mathematik etc. werden nicht geändert.
- „ph" auch weiterhin vorherrschend in folgenden Wörtern: Philosophie, Phantom, Mammographie, Physik etc.

Neben den oben angeführten Formen bleiben die Wahlmöglichkeiten weiterhin aufrecht. Sie sollten jedoch aus Gründen eines einheitlichen Corporate Wording innerhalb eines Protokolltextes die Schreibweise nicht wechseln.

- Der Plural englischer Wörter erhält im Deutschen die Endung -s:

z. B.: Lobbys, Ladys, Partys

Anmerkung: Auch das nichtenglische Wort Handy wird so geregelt.

- Integration der Fremdwörter ins Deutsche durch Berücksichtigung der Stammschreibung:

  z. B.: essenziell *neben* essentiell
  substanziell *neben* substantiell
  potenziell *neben* potentiell

4 Groß- und Kleinschreibung

Grundsätzlich werden Substantive (Hauptwörter) oder hauptwörtlich gebrauchte Wörter großgeschrieben, jedoch nicht in Verbindung mit den Verben *sein*, *bleiben* und *werden*.

- Neuregelung folgender Wortarten mit 1) Artikel bzw. 2) Präpositionen:

1) alles Folgende
auf dem Laufenden
im Gesamten
im Nachhinein
im Voraus
im Entferntesten
im Wesentlichen
im Allgemeinen
im Vorhinein
im Mindesten
im Großen und Ganzen
im Folgenden
sich im Klaren sein
im Besonderen

2) seit längerem/*auch:* Längerem
seit kurzem/*auch*: Kurzem
so viel, wie viel
übrig bleiben
um seiner willen
von klein auf
von nahem/*auch*: Nahem
von vornherein
von neuem/*auch*: Neuem
von fern
bis auf weiteres/*auch*: Weiteres
von weitem/*auch*: Weitem
über kurz oder lang
gegen bar

- Neuregelung folgender **Verben bzw. Präpositionen mit Substantiv**:

z. B.: Rad fahren
in Bezug, mit Bezug auf
und Ähnliches (u. Ä.)
außer Acht lassen
in Hinsicht auf
Folgendes
in Kraft, kraft ihres Amtes
zu guter Letzt
zu Hilfe

Anmerkung: Feste, aus anderen Sprachen stammende Fügungen bleiben wie bisher getrennt, z. B. de facto, coram publico.

- Superlative mit **aufs/auf das** können auch großgeschrieben werden:

  z. B: aufs/auf das herzlichste neben
  aufs/auf das Herzlichste

- Superlative mit **„am“** werden kleingeschrieben:

  z. B.: … am besten wäre es, …

- **Adjektive in Paarformen** (vor allem für Personen) werden nun großgeschrieben:

z. B.:	Arm und Reich	aus Alt mach Neu
	Jung und Alt	aus Schwarz Weiß machen
	Groß und Klein	Für und Wider

- Neuregelung der **Ordnungszahlen** und **unbestimmten Zahlenadjektive**:
  Groß werden Ordnungszahlen, die hauptwörtlich gebraucht werden, sowie unbestimmte Zahlenadjektive und vergleichbare Wörter geschrieben:

z. B.:	jeder Einzelne	der Einzelne
	der Erste, Fünfte, Letzte	Zahllose
	als Nächster	viele Verschiedene
	die Rechte Dritter	alles Übrige

  ABER: Hunderte/hunderte Male, Dutzende/dutzende von Reklamationen

Zahlenadjektive können großgeschrieben werden, wenn ihr hauptwörtlicher Charakter hervorgehoben werden soll: Die meisten/Meisten blieben zu Hause. Die einen/Einen sahen zu, die anderen/Anderen halfen mit.

- Sprachen in Verbindung mit Präpositionen:

  z. B.: auf Englisch, in Russisch

- Die Wörter **Recht** und **Unrecht** werden in Verbindung mit *behalten, bekommen, geben, haben* und *tun* groß- und kleingeschrieben:

  z. B.: Du hast vollkommen recht/Recht.
  Er hat ihm Unrecht/unrecht getan.
  Ich gebe dir Recht/recht.

- **angst, bange, feind, freund, gram, klasse, leid, pleite, recht, schuld, spitze, unrecht, weh** werden **als Eigenschaftswörter** in Verbindung mit *sein, bleiben, werden* kleingeschrieben:

z. B.:	Mir wird angst und bange.	Es ist mir recht.
	Ich bin dir nicht gram.	Wer ist schuld daran?
	Mir ist es leid.	Ich bin pleite.

- **Zeitangaben:**
  Zeitangaben wie Abend, Mittag werden – wenn sie keine Endung haben – grundsätzlich als Substantiv angesehen.
  Tageszeitangaben nach den Wörtern *vorgestern, gestern, heute, morgen, übermorgen* werden großgeschrieben.

z. B.:	heute Nachmittag	am Morgen	zu Mittag
	gestern Mittag	gegen Abend	am Abend
	heute Nacht	bis zum Abend	vom Morgen

  ABER: **am Dienstagabend** (u. a. a. Wochentage), **dienstagabends, abends**

- **Anredefürwörter:**
  Die Wörter der **vertrauten Anrede** (du, dich, ihr, dein, euer) werden kleingeschrieben, in Briefen kann man auch großschreiben.
  Die Wörter der **höflichen Anrede** (Sie, Ihr, Ihnen) werden immer großgeschrieben.

- **Adjektive in festen Fügungen** (keine Eigennamen!) werden in einer Wortgruppe kleingeschrieben, z. B.: das autogene Training, alles Gute zum neuen Jahr.

Soll jedoch die neue Bedeutung des Ausdrucks hervorgehoben werden, kann auch großgeschrieben werden, z. B.: Goldene/goldene Hochzeit, Schwarzes/schwarzes Brett, erste Hilfe/Erste Hilfe, der weiße/Weiße Tod (Lawinentod), Goldener Schnitt (math.), das Goldene Buch einer Stadt.

- Eigennamen:
  Singuläre Eigennamen werden großgeschrieben:

z. B.:	Stiller Ozean	der Deutsche Bundestag
	Dritte Welt	der Zweite Weltkrieg

- **Eigennamen auf -(i)sch,** werden grundsätzlich kleingeschrieben:

z. B.: aristotelische Philosophie
olympisches Feuer
akademisches Viertel
die brechtschen Dramen (zur Betonung des Namens *auch* die Brecht´schen Dramen)

- **Titel, Ehrenbezeichnungen, Kalendertage, Bezeichnungen in Botanik und Zoologie** werden ebenfalls großgeschrieben:

z. B.:	der Heilige Abend	die Schwarze Witwe

5 Getrennt- und Zusammenschreibung

Dieser Bereich wurde überschaubarer geordnet. In den meisten Fällen wird getrennt geschrieben, wobei Wortgruppen getrennt bleiben und Zusammensetzungen (die nicht erweiterbar oder steigerbar sind) in einem Wort geschrieben werden. Diese Unterscheidung richtet sich nach dem Schreibgebrauch, nach der Bedeutung sowie nach dem Sprachbau.

Folgende Richtlinien sind hilfreich:

- Verbindungen mit „**sein**" werden getrennt geschrieben, z. B.: außerstande sein, beisammen sein, vorhanden sein, vorüber sein, zusammen sein, zufrieden sein

- **Zwei Verben (Zeitwörter)** werden getrennt geschrieben, z. B.: laufen lernen, baden gehen, lesen üben, spazieren gehen. Achtung: kennen lernen oder kennenlernen als frei wählbare Schreibweise
  - **Verben mit „bleiben“ und „lassen“** können getrennt geschrieben werden, wenn sie eine neue Bedeutung haben, z. B.: sitzen bleiben (nicht aufstehen), sitzenbleiben/sitzen bleiben (die Klasse wiederholen müssen), den Gast nicht gehen lassen – sich gehen lassen/gehenlassen
  - **Partizip (Mittelwort) und Verb** werden in der Regel getrennt geschrieben, z. B.: geschenkt bekommen, rasend werden
  - **Adverb und Verb** werden zusammengeschrieben, wenn die Betonung ausschließlich auf dem ersten Bestandteil liegt, z. B. ich will dich wiedersehen
  - **Adverb und Verb** werden getrennt geschrieben, wenn beide Wörter gesondert betont werden oder die Betonung nur auf dem zweiten Bestandteil liegt, z. B. Seit der Operation kann sie wieder sehen.

- **Substantiv (Nomen oder Hauptwort) + Verb** in untrennbaren Verbindungen bleiben beisammen, z. B.: handhaben, maßregeln, weissagen, vollbringen, schlussfolgern, schlafwandeln
  - In folgenden Fällen stellt der erste Wortteil ein ehemaliges Substantiv dar, es wird mit dem Verb zusammengeschrieben und wenn getrennt, dann klein, z. B.: eislaufen/ich laufe eis, kopfstehen/die Welt steht kopf, leidtun/es tut mir leid, nottun/Hilfe tut not, standhalten/er hält den Angriffen stand, stattfinden, stattgeben, teilhaben, teilnehmen
  - In einigen Fällen wird die Schreibung freigestellt, z. B.: Acht geben/achtgeben, Acht haben/achthaben, Halt machen/haltmachen, Maß halten/maßhalten, Staub saugen/staubsaugen
  - In den anderen Fällen schreibt man Substantiv und Verb getrennt, z. B.: Schi fahren, Not leiden, Rad fahren, Zeit rauben, Dienst haben

- **Adjektive (Eigenschaftswort)**
  - **Adjektiv + Verb** können zusammen- oder getrennt geschrieben werden, wenn das Adjektiv das Ergebnis eines Vorgangs bezeichnet, z. B.: blank putzen/blankputzen, kaputt machen/kaputtmachen, kalt stellen/kaltstellen (wobei in der Praxis die Zusammenschreibung vorgezogen wird, da jede Fügung nur eine Betonung hat).

- **Adjektiv + Verb werden dann zusammengeschrieben**, wenn die Zusammensetzung eine neue bzw. übertragene Bedeutung ergibt, z. B.: falschliegen (sich täuschen), fertigwerden (es leicht aufnehmen können), freisprechen (nicht verurteilen), richtigstellen (berichtigen), schwerfallen (Mühe bereiten).
- **Adjektiv + Verb werden dann getrennt geschrieben**, wenn beide Teile ihre wörtliche, tatsächliche Bedeutung behalten, z. B. auswendig lernen, leer stehen, gut schreiben.

In Zweifelsfällen kann man getrennt oder zusammenschreiben: Die Gäste miteinander bekannt machen/bekanntmachen, jemanden hoch achten/hochachten

- **Adjektiv + Partizip (Mittelwort)** werden mit anderen Wörtern dann zusammengeschrieben, wenn
  1. der erste Teil für eine ganze Wortgruppe steht, z. B.: hitzebeständig, angsterfüllt, jahrelang, werbewirksam, freudestrahlend, eiskalt
  2. die beiden Adjektive gleichrangig sind, z. B.: blaugrau, taubstumm
  3. der erste Bestandteil die Bedeutung verstärkt oder sie abschwächt, z. B.: gemeingefährlich, todernst, bitterböse
- **Einige häufig gebrauchte Verbindungen mit Adjektiven** können getrennt- oder zusammengeschrieben werden, z. B.: ein schwerverständlicher/schwer verständlicher Text, eine nichtöffentliche/nicht öffentliche Sitzung
- Alle **Verbindungen von Hauptwörtern mit Partizipien und Adjektiven** werden getrennt- oder zusammengeschrieben, wenn der zu Grunde liegende Infinitiv (Nennform) getrennt geschrieben wird, z. B. der Dienst habende/diensthabende Arzt, Erdöl fördernd/erdölfördernd, ein viel versprechendes/vielversprechendes Angebot, Holz verarbeitend/holzverarbeitend

• **Adverbien (Umstandswörter)** schreibt man zusammen, z. B.: unterdessen, einmal, stromaufwärts, zweifelsohne, ehrenhalber, allzu, genauso, einigermaßen. Ist ein Teil erweitert, wird getrennt geschrieben: ehrenhalber/der Ehre halber, bekannterweise – in bekannter Weise, irgendein/irgend so ein

- **Fügungen mit Adverbien, Präpositionen und Pronomen** schreibt man getrennt, z. B. darüber hinaus, vor allem, zur Zeit Mozarts, zu hohe Kosten, so hohe Preise, so viel Arbeit, genauso gut, gar nicht, ebenso gut

- **Konjunktionen, Präpositionen und Pronomen** schreibt man zusammen, z. B.: anhand, zufolge, zuliebe, sobald, sooft, soviel, inmitten, infolge, indem, irgendetwas, irgendjemand, irgendwer

- Bei folgenden Fügungen ist **Getrennt- oder Zusammenschreibung erlaubt**:
  - imstande sein/im Stande sein
  - infrage stellen/in Frage stellen
  - zugrunde gehen/ zu Grunde gehen
  - zuhause/zu Hause bleiben
  - zuleide tun/zu Leide tun
  - zurande kommen/zu Rande kommen
  - zustande bringen/zu Stande bringen
  - sodass/so dass
  - anstelle/an Stelle
  - aufgrund/auf Grund
  - aufseiten/auf Seiten
  - mithilfe/mit Hilfe
  - vonseiten/von Seiten
  - zugunsten/zu Gunsten

- Manche Ausdrücke können eine **Wortgruppe oder eine Zusammensetzung** sein und können daher zusammen- oder getrennt geschrieben werden, z. B.:
  - danksagen/Dank sagen
  - gewährleisten/Gewähr leisten

- **Trennbaren Verben mit einem Umstandswort (Adverb) oder einer Präposition (Vorwort) als erstem Bestandteil**, werden zusammengeschrieben, wenn die Betonung auf dem ersten Wort liegt, z. B.:
  - sich mit einem Problem auseinandersetzen
  - zwei Bücher übereinanderlegen, ABER: übereinander reden!

  - Zu den **Vorwörtern** zählen:
    ab-, an-, auf-, aus-, bei-, durch-, ein-, entgegen-, in-, mit-, entlang-, gegen-, gegenüber-, hinter-, über-, um-, unter-, vor-, wider-, zu-, zuwider-, zwischen-

- Zu den **Umstandswörtern oder Adverbien** zählen:
  aufeinander-, aufwärts-, auseinander-, beisammen-, davor-, dazu-, dazwischen-, empor-, her-, heraus-, herbei-, hintenüber-, hinterher-, hinüber-, hinaus-, hindurch-, hinein-, nebeneinander-, nebenher-, rückwärts-, voraus-, vorher-, vorweg-, weiter-, wieder-, zurück-, zusammen-, zuvor-

- Zusammen werden **Partikel und Verb bzw. Wörter geschrieben, die nicht mehr ihrer ursprünglichen Wortart angehören oder nicht mehr allein vorkommen**, z. B.:
  abhandenkommen, bevorstehen, darbieten, fehlschlagen, überhandnehmen, wahrnehmen, wettmachen, zurechtweisen

- **Sonstige Fälle** von Getrennt- und Zusammenschreibung:
  - wie viel – wie viele, so viel – so viele, zu wenig – zu wenige
  - allzu oft, allzu viel
  - Verbindung mit Mal: Mal ist immer großzuschreiben, z. B. jedes Mal
  - (Ausnahme: manchmal, diesmal, einmal, zweimal)
  - Verbindung mit „irgend" werden ausnahmslos zusammengeschrieben,
  - z. B. irgendetwas, irgendjemand
  - sogenannt kann wahlweise auch so genannt geschrieben werden.

6 Zeichensetzung (Komma bzw. Beistrich)

- **Der Beistrich/das Komma steht bei Aufzählungen zwischen gleichrangigen Wörtern oder Wortgruppen, wenn sie nicht durch Wörter wie „und" oder „oder" verbunden sind:**
  Der Täter flüchtete mit einem großen, viertürigen Auto.

- **Zwischen nicht gleichrangigen Adjektiven (von denen das erste Adjektiv die folgende Fügung näher bestimmt) steht kein Beistrich:**
  die jüngsten politischen Entwicklungen…
  zwischen gleichrangigen nebengeordneten …….

- **Der Beistrich steht zwischen gleichrangigen Teilsätzen (Hauptsätze oder Gliedsätze), wenn sie nicht durch Wörter wie „und" oder „oder" verbunden sind:**
  Die Lichter gingen aus, im Saal wurde es ganz still.

Sie wollte das Theaterstück besuchen, leider war es ausverkauft.
Sie fragte, ob jemand angerufen habe, ob Post gekommen sei oder sonst etwas vorgefallen sei.

- **Werden gleichrangige Teilsätze, Wortgruppen oder Wörter durch „und, oder bzw., sowie, wie entweder...oder, nicht...noch, sowohl...als auch (wie auch), weder...noch" getrennt, wird normalerweise kein Beistrich gesetzt, es kann jedoch einer gesetzt werden:**
  Die Rettung brachte den Verletzten und die Mutter in das Krankenhaus.
  Entweder du arbeitest mit oder du meldest dich vom Sprachkurs ab.

- **Bei zwei Hauptsätzen kann ein Beistrich gesetzt werden, um Missverständnisse zu vermeiden:**
  Die Ärztin versorgte den Verletzten, und die Kinder wurden nach Hause gebracht.

- **Vor entgegensetzenden Konjunktionen (z. B. mit aber, sondern, doch") steht immer ein Beistrich:**
  Ich bin nicht erleichtert, sondern sehr enttäuscht.
  Ich wollte die Unterlagen herrichten, aber sie waren noch nicht fertig.
  Einerseits ist das richtig, andererseits spricht einiges dagegen.

- **Gliedsätze (Nebensätze) werden durch Beistrich vom Hauptsatz getrennt, wobei bei eingeschobenen Gliedsätzen vor und nach dem Gliedsatz ein Beistrich steht:**
  Ich weiß nicht, was ich heute machen soll.
  Als sie sich umdrehte, weil sie ihren Namen hörte, entriss ihr der Täter die Einkaufstasche.
  Er entschuldigte sich, dass er keine Zeit mehr habe, und verabschiedete sich.

- **Formelhafte Gliedsätze können mit oder ohne Beistrich stehen:**
  Wie bereits erwähnt(,) wurde die Rechnung bereits bezahlt.

- **Wenn ein hinweisendes Wort oder eine Wortgruppe einen Satzteil ankündigt, ist ein Beistrich zu setzen:**
  Genau so, mit viel Schinken, hat sie die Pizza am liebsten.

- **Bei Vergleichen mit „als" oder „wie" steht kein Beistrich, wenn es sich nicht um zwei vollständige Sätze handelt:**
  Besser als befürchtet ist das Prüfungsergebnis ausgefallen.

- **Nennform- (Infinitiv-)Gruppen, Mittelwort- (Partizip)Gruppen oder Adjektivgruppen bzw. ähnlich gebrauchte Gruppen können durch Beistrich getrennt werden, um deutlicher zu gliedern bzw. auch um Missverständnisse zu vermeiden:**
  Wir überlegen(,) den Garten umzugestalten.
  Er befahl, ihnen die Unterlagen zu bringen.
  Er befahl ihnen, die Unterlagen zu bringen.
  Durch die Schritte aufgeweckt(,) horchte sie genau auf den Lärm draußen.

- **Nennform- (Infinitiv-) bzw. Partizip-Gruppen werden durch Beistrich getrennt, wenn sie:**
  a) mit „um, ohne, statt, anstatt, außer, als" eingeleitet werden:
  Sie holte den Duden, um ein Wort nachzuschlagen.
  b) von einem Hauptwort (Nomen) abhängen:
  Sie hatte die Absicht, in den Sommerferien zu arbeiten.
  c) mit einem Verweiswort angekündigt werden:
  Das Spiel zu gewinnen, das hätte er sich nicht träumen lassen.

- **Nachgetragene Gruppen bzw. Beisätze werden immer mit Beistrich getrennt:**
  Er, noch ganz außer Atem, winkte ihr zu.

- **Beisätze werden durch Beistriche abgetrennt:**
  Wir trafen unseren Nachbarn, einen begeisterten Golfer.

- **Mehrteilige Datums- und Zahlenangaben werden durch Komma gegliedert:**
  Diese Angaben können als Aufzählungen oder als Fügungen mit Beisatz auffassen, deshalb ist das letzte (schließende) Komma vor der Weiterführung des Satzes freigestellt.
  Er kommt Mittwoch, den 19. Juli 2011.
  Die Tagung soll Donnerstag, (den) 17. September 2010(,) beginnen.

Die Tagung soll am Donnerstag, dem 17. September 2010, (um) 9:00 Uhr(,) im Festsaal beginnen.

- **Der Beistrich trennt nachgestellte Erläuterungen oder Bestimmungen, die mit „also, besonders, das heißt (d. h.), das ist (d. i.), genauer, insbesondere, nämlich, und das, und zwar, vor allem, zum Beispiel (z. B.)“ beginnen, ab:**
  Sie liest viel, vor allem Krimis.
  Es gibt vier Jahreszeiten, nämlich Frühling, Sommer, Herbst und Winter.

- **Bei Fügungen mit Präpositionen (wie, etc.) ist der Beistrich freigestellt:**
  Das war(,) nach allgemeiner Ansicht(,) völlig richtig.
  Die Reisekosten(,) einschließlich Übernachtung(,) werden in diesem Fall nicht ersetzt.
  Die Unterrichtsmaterialen(,) wie Mappen, Hefte und Bücher(,) können im Bankfach gelassen werden.

- **Zwischen vorangestellter wörtlicher Rede und folgendem Begleitsatz wird immer ein Beistrich gesetzt:**
  „Ich komme sicher morgen“, erklärte er ihr.
  „Komm bitte“, sagte sie, „morgen pünktlich.“

- **Wenn ein Begleitsatz nach direkter Rede mit einem Beistrich abgeschlossen, egal ob er mit ? oder ! beendet wird:**
  „Gehst du mit?“, fragte sie.

7 **Silbentrennung:**

- Die Silbentrennung wird erleichtert, getrennt wird nach deutschen Sprechsilben, wobei die Trennungen beim Lesen nicht sinnstörend sein sollen, z. B. **nicht** Autoren-nen, sondern Auto-rennen.
- Zusammensetzungen und Wörter mit Vorsilbe trennt man in der Wortfuge: Haus-tür, Vor-gang.
- „st“ darf getrennt werden: lus-tig, Küs-te.
- „ch“, „sch“, „ph“, „th“, „rh“, „gh“, „sh“, „ck“ trennt man nicht, wenn sie als ein Laut gesprochen werden: Mü-cke, Zi-ther, Spa-ghetti.

- In Fremdwörtern können Mitlautbuchstaben in Verbindung mit l, n, r getrennt werden oder zusammengeschrieben werden. Bei Unklarheiten ist ebenfalls die Trennung freigestellt: Pä-da-go-gik, hin-auf/hi-nauf, Zyk-lus/Zy-klus.
- Mehrsilbige Wörter kann man am Zeilenende trennen: Mau-er.
- Mu-se-um, Fa-mi-li-en, wobei einzelne Buchstaben für Selbstlaute nicht abgetrennt werden dürfen, z. B.: **nicht** A-bend, aber Ei-er.

8 Bindestrich:

- Der Bindestrich kann verwendet werden, um Zusammensetzungen leichter lesbar zu machen, auch in gleichrangigen Adjektiven, z. B.: Genuss-Sucht, deutsch-österreichische Beziehungen.
- Verbindungen aus Ziffern und Worten bzw. mit Einzelbuchstaben werden mit Bindestrich geschrieben, z. B.: 100-prozentig, 30-jährig, Dipl.-Ing., A-Dur, 2-Euro-Stück. Bei Nachsilben wird kein Bindestrich gesetzt: 100%ig, der 68er.
- Verbindungen aus Ziffern und dem Wortteil „-fach" können auch mit Bindestrich geschrieben werden, z. B.: 4fach/4-fach.
- Der Bindestrich steht in hauptwörtlich gebrauchten Wortgruppen mit mehr als zwei Bestandteilen, z. B.: das In-den-Tag-hinein-Leben, das Auf-die-lange-Bank-Schieben, das Entweder-oder.
- Englische bzw. amerikanische Fremdwörter:
  - Wenn diese **Zusammensetzungen aus Substantiven** sind, werden sie zusammengeschrieben oder auch mit Bindestrich aneinander gefügt:

    z. B.: Cashflow, auch Cash-Flow
    Jobsharing, auch Job-Sharing
    Tiebreak, auch Tie-Break

  - Vorzugsweise in einem Wort und groß werden **Verbindungen** im Englischen geschrieben, **deren zweiter Teil ein Adverb** ist:

    z. B.: Blackout, auch Black-out
    Layout, auch Lay-out
    ABER: Know-how, Turn-around, Go-in

- **Verbindungen** im Englischen **aus Adjektiv und Substantiv** können getrennt und ohne Bindestrich geschrieben werden. Sie werden allerdings jetzt vorzugsweise zusammengeschrieben:

  z. B.: Jointventure, auch Joint Venture
  Smalltalk, auch Small Talk

Hilfreiche Korrekturzeichen (nach DIN 16511)

Die folgenden Korrekturzeichen werden von Lektoren, PR-Spezialisten oder Grafikern verwendet. Sie haben allgemeine Gültigkeit und sind daher hilfreich beim korrigieren von Texten.
Jedes Korrekturzeichen soll am Papierrand wiederholt werden. Bitte vermeiden Sie im Sinne der Fehlerminimierung das Einzeichnen von Korrekturen innerhalb des Textes, ohne einen entsprechenden Randvermerk zu machen. Bei mehreren Korrekturen innerhalb einer Zeile sind unterschiedliche Korrekturzeichen anzuwenden oder diese zu nummerieren. Erklärende Vermerke zu einer Korrektur sind durch Doppelklammern zu kennzeichnen.

	Beispiel:	**Bedeutung:**
| ü	Schriftstpcke	ein falscher Buchstabe
⊢ und	oder die Wörter	ein falsches Wort
| ä └ i	Zusetze in Wertverbendungen	mehrere falsche Wörter oder Buchstaben
| ₰	durchlässsig	überflüssige Buchstaben oder Wörter
| ll	Stelen	fehlender Buchstabe
| Ro	ollen	fehlender Buchstabe am Wortanfang

a	Rand	beschädigter Buchstabe
	hell-gelb	falscher Bindestrich
ie	Geschäftsbriefe	verstellte Buchstaben
1985	1895	verstellte Zahlen (immer ganz durchstreichen und neu schreiben)
	auch sich	zwei verstellte Wörter
1–4	1 3 2 4 sondern auch sich über	falsche Reihenfolge
t,	Qualität wie	fehlendes Zeichen
	unmissverständliche Ausdrücke	überflüssiges Satzzeichen
	Zeichen ~~direkt~~ am Rand	überflüssige Wörter
	breite Zwischenräume	zu weiter Zwischenraum
	Vorlagen und Ver besserungen	Zwischenraum soll wegfallen
	Korrekturjedes	fehlender Wortzwischenraum
kursiv	Schrift	andere Schrift
nicht sperren	S o n n e	aufheben der Sperrung einer Schrift
	Sommer$_{\text{ball}}$	nicht Linie haltende Stellen

#	Hu#nd	unerwünscht mitgedruckte Stellen
┌ sollte	Dr. Müller ┌ ... werden können	fehlende Wörter nachtragen
	... gegeben war Beide Sätze ...	Anhängen eines Absatzes
	Das Auge zu gewöhnen	zu tilgender/verringernder Einzug
	Das Auge daran zu ...	fehlender/zu erweiternder Einzug
1 3 2 4	Sah ein Knab Röslein auf ein Röslein stehn der Heiden	verstellte (versteckte) Zeilen
	stark	verschmutzte bzw. zu stark erscheinende Stellen
	... zwei Absätze Diese sind	fehlender Durchschuss (Zeilen abstand)
	... zwei Absätze Diese sind	zu großer Durchschuss (Zeilenabstand)
┌ ((hier fehlt Quellenangabe))	... daran. ┌An das ...	erklärende Vermerke

	Hyladen sind Insekten	unleserliche/Zweifelhafte Manuskriptstellen
	fertig gestellt. Prüfen Sie	neuer Absatz
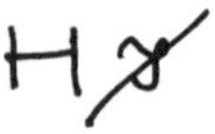	Korrekturen	irrtümliche Korrektur (muss am Rand deutlich durchgestrichen und Text unterpunktiert werden)
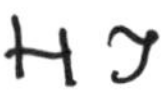	Die wichtigsten und Korrekturzeichen	überflüssige Buchstaben, Satzzeichen oder Wörter durchstreichen und am Rand mit dem Zeichen kennzeichnen (Delauter = es werde getilgt)
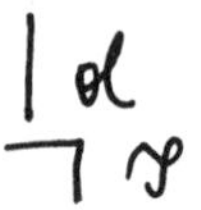	fo- lgenden Inhalt	falsche Trennung

3.3.5 Ihr fünfter Schritt: Überarbeiten

Der Rohentwurf Ihres Protokolls liegt nun perfekt, prägnant und leserfreundlich formuliert vor Ihnen.
Vielleicht verspüren Sie jetzt die Lust, still und heimlich nach Hause zu gehen und das Protokoll Protokoll sein zu lassen ...
... oder Sie sind voller Ehrfurcht über Ihr perfektes Protokoll, so dass jede weitere Veränderung in Ihren Augen nur mehr eine Verschlechterung bedeuten würde.
Beide Standpunkte sind etwas extrem. Wie Sie sich auch immer fühlen, es nützt nichts:

Sie müssen Ihr Protokoll überarbeiten! Ein Skirennläufer schwingt ja auch nicht kurz vor dem Ziel ab!

Lesen Sie alles genau durch.
Streichen Sie Unwichtiges.

Ergänzen Sie Fehlendes.
Überprüfen Sie die optische Aufbereitung und das Layout.
Überprüfen Sie die Rechtschreibung und achten Sie auf mögliche Tippfehler.
Lesen Sie mit den Augen des Lesers.

3.3.6 Ihr sechster Schritt: Abstimmen mit dem Vorsitzenden (bzw. den Teilnehmern)

Die rechtliche Wirkung eines Protokolls

Das Protokoll dient als rechtliches Beweismittel über:

- die jeweiligen Äußerungen der Teilnehmer
- die konkreten Beschlüsse und Aufträge
- die Verteilung von Kompetenzen
- die Rechtmäßigkeit von Beschlüssen

Wird die Sitzung auf Tonband aufgezeichnet, ist es urheberrechtlich notwendig, die einzelnen Teilnehmer über Art und Zweck der Bandaufnahme zu informieren; wird das Tonband außerhalb der Geschäftsordnung verwendet, ist ihre Zustimmung einzuholen.
Jeder Teilnehmer hat das Recht, gegen das Protokoll oder gegen Teile daraus zu protestieren und Änderungen zu verlangen. Das bedeutet in bestimmten Gremien, dass Sie das Protokoll noch vor dem Verteilen an alle Sitzungsteilnehmer versenden müssen – mit der Angabe einer Widerspruchsfrist. Erst wenn alle Sitzungsteilnehmer ihr Einverständnis erklären oder innerhalb der angegebenen Widerspruchsfrist (z. B. 14 Tage) keinen Einwand erheben, gilt das Protokoll als „verabschiedet". Werden nun rechtzeitig Einsprüche erhoben, sind diese dem Vorsitzenden schriftlich zu melden. Diese Einsprüche können dann am Anfang der nächsten Sitzung behandelt und in das neue Protokoll aufgenommen werden.
Zur rechtlichen Beweislage ist es daher in so einem Fall notwendig, beide Protokolle heranzuziehen.
Der wahrheitsgemäßen Protokollführung kommt also eine bedeutende rechtliche Relevanz zu. Es wird häufig zur Beweisführung herangezogen. In manchen Fällen, zum Beispiel bei Verwaltungsratssitzungen, gilt es sogar als Urkunde. Das trifft insbesondere auch dann zu, wenn das Protokoll als

Grundlage zur Eintragung ins Handelsregister (z. B. bei Satzungsänderungen) dient. Wer also absichtlich falsch protokolliert oder wichtige Teile einfach weglässt, macht sich der Urkundenfälschung strafbar.

Das Protokoll muss daher stets mit der Originalunterschrift des Protokollführers versehen werden. Unterschreiben Sie in wichtigen Fällen immer auch auf den Kopien bzw. geänderten Seiten.

Vielfach wird heute das fertige Protokoll im Internet veröffentlicht. Wenn niemand innerhalb der festgesetzten Einspruchsfrist Einspruch erhebt, gilt es als angenommen. Die rechtliche Relevanz dieser Form der Genehmigung ist sicher noch nicht eindeutig geklärt und ausjudiziert.

Um unnötige Arbeit zu vermeiden, hier einige Tipps aus der Praxis:

- Wichtige Textstellen, bei denen Spezialisten zu Wort kommen, sollten Sie diesen Fachleuten vorlegen: denn deren Hilfe ist wichtig, um Fehler zu vermeiden. Fassen Sie also Anregungen von anderen Sitzungsteilnehmern nicht als persönliche Kritik, sondern als konstruktive Hilfe auf!
- Externen Teilnehmern sollten Sie die Textstellen, in denen sie zitiert werden, schriftlich und möglichst rasch zur Begutachtung übermitteln. Vergessen Sie dabei nie, eine Frist zur Rückmeldung zu setzen.
- Ebenso sollten Sie den Vorsitzenden begutachten lassen und bei Unklarheiten mit ihm Rücksprache halten.

Es verlangt viel Diplomatie, sich nicht von allen Mitarbeitern ständig „reinreden“ zu lassen.

Sie müssen als Protokollführer eine Position anstreben, in der akzeptiert wird, dass Sie wissen, wo Sie kürzen, wo Sie umformulieren, wo Sie wörtlich zitieren müssen und wo Sie die Hilfe Ihrer Mitarbeiter benötigen.

Protokollführen verlangt also auch viel innerbetriebliches Geschick und Diplomatie.

3.3.7 Ihr siebter Schritt: Verteilen des Protokolls

Wenn Sie nun alle Änderungswünsche berücksichtigt haben, die nicht erst bei der nächsten Sitzung behandelt werden, sollten Sie alles noch einmal einer intensiven Korrektur unterziehen.
Die genaue Unterschriftenregelung haben wir im Kapitel „Protokollrahmen" (siehe 3.1.1) behandelt.
Gehen Sie sicher, dass keine Unterschrift vergessen und alle formalen Regeln eingehalten wurden.
Jetzt kopieren Sie Ihr Protokoll und legen es ab bzw. speichern es elektronisch (siehe auch Kapitel „2.5 Protokoll und Technische Hilfsmittel"). Die chronologische Ablage reicht dabei als Ordnungskriterium meist nicht aus. Bei ständig wiederkehrenden Sitzungen kann daher zunächst alphabetisch abgelegt werden (z. B. A für Aufsichtsratssitzungen, W für Wochenmeetings, Z für Zentralverwaltungssitzungen). Innerhalb dieser Ordnung wird dann chronologisch abgelegt, wobei jedes Protokoll mit einer fortlaufenden Nummer versehen werden sollte. Ein Stichwortverzeichnis als Ergänzung hat sich schon oft bewährt.
Ein Protokoll sollte im Normalfall innerhalb von 14 Tagen nach der Sitzung an alle Teilnehmer versandt werden. Das erfolgt heute sehr oft übers Internet.
Jetzt können Sie tief durchatmen: Sie haben eine große Aufgabe bewältigt!
Ein guter Protokollführer nimmt eine wichtige Stellung in einem Unternehmen ein: er ist bei allen wichtigen Sitzungen und Beschlüssen dabei und somit über alles bestens informiert:

Information macht mächtig – die richtige Weitergabe von Information in Berichtsform macht unentbehrlich!

Übrigens: Immer häufiger übernimmt der Chef selbst das Protokollieren. Er ist sich der Macht dieser Funktion also zunehmend bewusst!

TEIL 4: Sonderfälle der Protokollführung

4.1 Das Kurzprotokoll als Auszug aus einem umfassenden Protokoll

Voller Stolz präsentieren Sie Ihrem Chef Ihr Kunstwerk: Volle zehn Seiten gekonnt formulierte Sätze, geschliffene Formulierungen, abwechslungsreicher Stil und perfekte Formgebung. Die drei Nachtschichten haben sich gelohnt!
Doch da kommt der große Schock:

„Das ist ja gut und schön, Herr Eifer, ich weiß Ihren Arbeitseinsatz zu schätzen. Aber ich habe gestern mit meinem Kollegen, dem Finanzchef, beim Abendessen beschlossen, dass wir doch lieber nur ein kurzes Beschlussprotokoll versenden. So viel Text liest ja doch keiner! Aber bei Ihrer Kompetenz ist das ja eine Frage von ein paar Minuten und Sie haben diesen Roman in eine Kurzfassung gebracht! Wir wollen ja nicht, dass Sie uns noch zum Bestseller-Autor werden, ha, ha, ha! Also, ich kann doch bis heute Mittag damit rechnen oder, Herr Eifer?“

Mit hochrotem Kopf verlassen Sie das Chefzimmer. All die Arbeit umsonst! Und wieder keine Anerkennung!
Was tun?
Zunächst einmal tief durchatmen – nehmen Sie solche Ereignisse nicht allzu persönlich. So passiert es tagtäglich in vielen Bereichen. Vielleicht ist es Ihrem Chef kürzlich bei seinem Vorgesetzten ähnlich ergangen. Viele Arbeiten – sind sie auch noch so gut – sind im Endeffekt umsonst gewesen. Oder doch nicht ganz?

Ist es wirklich so einfach, ein ausführliches Protokoll in eine Kurzfassung umzuwandeln? Besinnen Sie sich zunächst vor allem wieder auf folgende Fragen:

- Wie ist der Stand der Dinge am Anfang der Sitzung?
- Wie geht es nach der Sitzung weiter?
- Wer macht was bis wann?

4.2 Das Sofortprotokoll

Diese Form der Protokollierung wird in der Praxis immer wichtiger. In unserer schnelllebigen Gesellschaft will kaum ein Vorsitzender mehr warten, bis ein endgültiges Protokoll vorliegt. Bis dahin ist der genaue Hergang schon oft verblasst. Und darüber hinaus kann die intensive Arbeit der Protokollerstellung für andere Prioritäten genutzt werden!
Warum also nicht gleich während der Sitzung das Wichtige festhalten? Im Zeitalter permanenter Effizienzsteigerung (wieder so ein schönes Fremdwort!) ist das die ideale Form. Und zwar vor allem dann, wenn der genaue Hergang der Sitzung im Nachhinein nicht besonders relevant ist und keine besonderen Formvorschriften bestehen.

Vorteile dieser Simultan- oder Sofortprotokolle:

- Das Protokoll liegt sofort vor.
- Der Vorsitzende kann sofort unterschreiben (was oft einen langen Schriftverkehr abkürzt!).
- Die Teilnehmer können sofort ihre Zustimmung geben.
- Änderungen und Unklarheiten können sofort beseitigt werden.
- Jeder Teilnehmer hat sofort sein Exemplar und kann es als Arbeitsunterlage nutzen.
- Der Aufwand für den Protokollführer wird vor allem im Nachhinein verringert.
- Zeitersparnis wird auch durch die Verwendung von vorgefertigten Formblättern erreicht.
- Das Einhalten entsprechender Formvorschriften bereitet kein Kopfzerbrechen mehr.
- Die Teilnehmer verlassen die Sitzung mit dem Gefühl größerer Effizienz und eine fristgerechte Umsetzung der Beschlüsse wird dadurch eher ermöglicht.
- Bürokratie und Informationsflut werden im Unternehmen bekämpft.

Trotzdem ist es auch bei dieser Form wichtig, dass ein Protokollführer bestellt wird, der dann in das entsprechende Formblatt handschriftlich oder gleich direkt am Laptop einträgt.
Bei längeren Besprechungen kann eine dafür bestimmte Person oder der Vorsitzende selbst die Ergebnisse mitnotieren und in einer Sitzungspause

zum Schreiben geben. Auch nach der Sitzung gibt er die weiteren Notizen ins Sekretariat. So ist das Protokoll zwar nicht ganz zeitgleich, aber doch ein paar Minuten später fertig. Alle Teilnehmer können kurz warten, um der endgültigen Fassung zuzustimmen.
Begleitend dazu wird häufig ein Fotoprotokoll erstellt. Das ist besonders dann sinnvoll, wenn während der Sitzung auf Flipcharts geschrieben wurde.

Beispiel für ein Formblatt eines Sofortprotokolls

Protokoll			
Tagesordnungspunkte			
Datum Ort Vorsitz			
Anwesend Entschuldigt			
Nr.	Thema	Termin	Verantw.
Unterschrift			
Verteiler			
Nächste Sitzung Zeit Ort Thema			

4.2.1 Fotoprotokoll auf Grundlage der Meta-Plan-Technik

Ein Fotoprotokoll kann auch erstellt werden, wenn während der Sitzung die Beiträge der einzelnen Teilnehmer auf Karten festgehalten werden. Diese werden dann gegliedert und auf so genannten Meta-Plan-Tafeln für alle sichtbar festgemacht. So entsteht das Protokoll fast wie ein „Abfall-Produkt" nebenbei. Ungenauigkeiten oder Änderungswünsche können so sofort von allen Teilnehmern vorgenommen werden. Die endgültige Tafel wird in einem (digitalen) Fotoprotokoll festgehalten. Es kann anschließend via Internet sofort an alle versandt werden.

4.3 Das Management-Summary

Ein Management-Summary stellt eine nachträgliche bzw. zusätzliche Kurzzusammenfassung der getroffenen Beschlüsse oder vorgetragenen Berichte dar. Diese Form ist etwa für Vorstandsmitglieder günstig oder für Geschäftsführer, die bei internen Sitzungen bestimmter Abteilungen nicht anwesend sind, jedoch über die behandelten Punkte informiert sein sollen.
Die Kurzzusammenfassung kann im Intranet für bestimmte Berechtigte zugänglich gemacht werden. Sie kann auch an den Beginn oder das Ende eines Protokolls in Stichwortform gestellt werden, am besten durch Bullets strukturiert.
Ein Management-Summary ist unseres Erachtens ein notwendiges Instrument, um die Informationsflut so gering wie möglich zu halten. Darüber hinaus bietet eine derartige Form der Kurzzusammenfassung zur Ausführungskontrolle der getroffenen Beschlüsse und Maßnahmen in Form einer Beschluss-Datenbank eine hilfreiche Unterstützung (siehe auch Kapitel „2.5 Protokoll und technische Hilfsmittel"). So gesehen spielt ein Management-Summary im viel besprochenen Wissensmanagement eine bedeutende Rolle.

4.4 Das Ergebnisprotokoll als Deckblatt oder Beilage

Grundsätzlich findet der Leser eines Verlaufprotokolls die Ergebnisse und Maßnahmen nach jedem Tagesordnungspunkt. Das behindert die Über-

sichtlichkeit, macht es schwer, einzelne Punkte rasch zu finden. Die Gefahr ist groß, dass einzelne Beschlüsse übersehen oder überlesen werden.
Damit ist zusätzlich auch die Gefahr gegeben, dass einzelne Maßnahmen erst gar nicht ausgeführt werden! Auch wenn eine ausführliche Protokollform gewählt wurde, ist es oft von Vorteil, die Ergebnisse, Beschlüsse und Maßnahmen zusammengefasst festzuhalten. So entsteht eine Art „To-do-Liste" oder Pendenzenliste, die gut als Arbeits- und Kontrollinstrument dienen kann. Diese zusammenfassende Aufstellung kann entweder am Anfang direkt nach dem Protokollkopf stehen, also eine Art Deckblatt bilden, oder in einer Beilage angefügt werden.

Beispiel

Beschlussliste			
Protokoll Nr. Datum Ort Protokollführer			
Nr.	Beschluss, Aufgabe	verantwortlich	Termin

4.5 Die Aktennotiz und die Gesprächs- oder Verhandlungsnotiz

Die Aktennotiz bzw. die Gesprächs- oder Verhandlungsnotiz dient dazu, wichtige Entscheidungen, Erkenntnisse, Gesprächs- und Verhandlungsinhalte festzuhalten. Sie ist ausschließlich für den unternehmensinternen Gebrauch bestimmt und dient allen Mitarbeitern als wesentliche Informationshilfe und Gedächtnisstütze (siehe dazu auch Seite 9).
Im Unterschied zum Protokoll wird diese Berichtform im Nachhinein aus der Erinnerung und unter Zuhilfenahme von Notizen angefertigt. Während der Sitzung wird also nicht verlaufsgetreu und wortgenau mitnotiert.
Die formalen Anforderungen an eine solche Dokumentationsform sind wesentlich geringer als beim Protokoll. Die Beschlüsse müssen nicht von allen Sitzungsteilnehmern akzeptiert werden. Vielfach werden gar nicht alle Teilnehmer über die Anfertigung einer solchen Notiz informiert, sie wird nicht automatisch an alle verteilt. Sie hat daher auch wesentlich weniger Beweiskraft als ein Protokoll.

Sowohl eine Aktennotiz als auch eine Gesprächs- oder Verhandlungsnotiz als effiziente Gedächtnisstütze sollte sich vor allem auf die berühmten W-Fragen konzentrieren:

- Wer?
- Was?
- Wann?
- Wo?
- Wie?
- Von wem?
- Bis wann?

Der Inhalt wird meist nur stichwortartig erfasst. Das Wesentliche soll rasch erkennbar werden. Ist mehr als eine Seite erforderlich, sind die weiteren Seiten nummeriert als Beilage zugefügt.
Vielfach werden dafür vorgefertigte Formulare – am PC gespeichert – verwendet. Im Endergebnis gleichen die fertigen Berichte nicht selten einem Kurzprotokoll. Der Informationsgehalt ist ähnlich. Nur die Entstehung und die formalen Ansprüche sind eben unterschiedlich.

Beispiele:

Aktennotiz vom:			
Betreff:			
Nr.	Thema	Termin	verantwortlich
Sonstiges:			

Aktennotiz

VON

BETRIFFT

ORT/DATUM

TEILNEHMER

GEHT AN

Beschlüsse:

1.

2.

3.

4.

Weiteres Vorgehen:

Nächste Sitzung

Verfasser (Kurzzeichen, Durchwahl, Stelle):

Verhandlungsnotiz		**Firma Fleissig**
		Name/Abteilung
Tag/Zeit	❑ Telefonanruf ❑ Gespräch ❑ Sitzung	❑ Mitteilung ❑ Auftrag ❑ Vorbereitung
Besprechung Thema/Verhandlungsgegenstand		
Gesprächs-/Verhandlungspartner Telefon		
Verhandlungsinhalt		
Vereinbarung Ergebnis		
Vorgehen Maßnahmen		
Erledigt durch		Unterschrift
Verteiler ❑ zur Bearbeitung	❑ zur Kenntnisnahme	
	❑ Beilage _____ Seiten	

ÜBUNG

Wandeln Sie folgenden ausführlichen Bericht von Herrn Emsig (Auszug) in eine Aktennotiz um:

Bei unserem wöchentlichen Meeting am 12.04. haben diesmal erfreulicherweise auch die beiden neuen Mitarbeiter aus unserer Marketingabteilung, Herr Idee und Herr Bunt, mit teilgenommen. So waren wir mit unserer Frau Wieder, den Herren Wichtig und Nötig sowie unseren beiden Chefs, Frau Weit und Herrn Lang, insgesamt wieder einmal 8 Personen, meine Wenigkeit mit eingerechnet. Daher verlegten wir das Meeting in den dritten Stock, ins große Sitzungszimmer. Herr Bunt hat dann auch in seinem Übereifer sofort, noch vor der allgemeinen Begrüßung, seinen neuen Coverentwurf für das neue Verkaufstrainings-Buch vorgelegt. Mit Befremden mussten wir feststellen, dass der darauf abgebildete Mann mit einem Uraltmodell eines Mobiltelefons herumhantiert. Frau Weit meinte sofort: „Der sieht ja aus, als hätte er das Ding zum ersten Mal in der Hand – nicht gerade einladend!" Auch Herr Lang fühlte sich sofort bemüßigt, auf die mangelnde Professionalität hinzuweisen. Daraus entwickelte sich eine längere Diskussion über die Zielsetzung des neuen Covers. Doch die beiden eifrigen neuen Marketingmitarbeiter hatten noch zwei Vorschläge parat: einer mit einer wunderschönen Frau vor einer hochmodernen Telefonanlage sitzend – doch auch sie blickte etwas ratlos und irgendwie wie fehl am Platz. „Da schauen wieder alle nur auf die schöne Frau", erlaubte ich mir einzuwenden. Der nächste Vorschlag zeigte eine Sekretärin in der Hängematte – telefonierend. „Das ist gut, das gefällt mir", meinte Frau Wieder begeistert, "Das würde ich auch gerne lernen, so erfolgreich zu telefonieren!" Die Diskussion wogte noch einige Zeit hin und her. Zwischendurch gab es Kaffee und Frau Weit schlug vor, doch einmal mit der neu eröffneten Druckerei Klex über einen Testauftrag zu verhandeln. Herr Lang war sofort dafür. „Da können Sie gleich einmal Ihr Verhandlungsgeschick beweisen, Herr Idee, das übernehmen Sie!" Inzwischen hatte sich wohl die Frau in der Hängematte gegen ihre Konkurrenz durchgesetzt und wurde von allen einstimmig ausgewählt. Herr Bunt sollte alles Weitere mit der Druckerei abklären. So war das neue Cover geboren. „Sollten wir nicht auch noch die Veranstaltung in der Buchhandlung Riesieg besprechen?", warf Herr Wichtig ein. „Gute Idee, wie ist der Stand der Dinge?", fragte Frau Weit. „So viel ich weiß, ist alles schon fixiert, nur die genaue Dauer ist noch nicht festgelegt und die Einladungen müssen noch so bis zum 28. verschickt werden." „Es wäre gut, wenn Sie die Zeiten mit den Einladungen abstimmen würden, bevor wir die Einladungen verschicken, Herr Wichtig! ..."

Unser Lösungsvorschlag:

siehe nächste Seite

Aktennotiz

VON	Max Emsig
BETRIFFT	Projekt „Verkaufstrainings-Trainingsbuch“
ORT/DATUM	Verlagshaus Höller, großes Sitzungszimmer 12.04.2006
TEILNEHMER	Fr. Wieder, Fr. Weit, Hr. Idee, Hr. Bunt, Hr. Wichtig, Hr. Nötig, Hr. Lang, Hr. Emsig
GEHT AN	Teilnehmer, HSC/UV, KR, SCR

Beschlüsse:

1. Auswahl des neuen Cover-Entwurfes: Frau in der Hängematte
2. Mit der neuen Druckerei Klex über einen Testauftrag verhandelt
3. Veranstaltung in der Buchhandlung Riesieg: die genauen Uhrzeiten müssen noch abgeklärt und mit den Angaben auf den Einladungen abgestimmt werden. Danach sollen die Einladungen verschickt werden.

Weiteres Vorgehen:

Zu 1: Herr Bunt klärt die weitere Vorgangsweise für den Coverentwurf mit der Hausdruckerei ab.

Zu 2: Herr Idee kontaktiert die neue Druckerei und verhandelt über die Konditionen für einen Testauftrag.

Zu 3: Herr Wichtig klärt mit der Buchhandlung Riesieg die genauen Uhrzeiten, stimmt diese mit den Einladungen ab und übernimmt den Versand bis zum 28.04.2006.

Wien, 12.04.2006 **EMS**

TEIL 5: Häufige Fehler beim Erstellen eines Protokolls

Wenn Sie unser Buch bis hierhin durchgearbeitet haben, sind Sie schon ein absoluter Profi. Für den letzen „Feinschliff" wollen wir noch einmal die häufigsten Fehler, die einem Protokollführer in der Praxis unterlaufen, zusammenfassen. Sollte Ihnen trotzdem beim nächsten Protokoll irgendein „Unglück" passieren, denken Sie daran: Nur aus Fehlern lernen wir!

Analysieren Sie jeweils Ihr Werk im Nachhinein:
- Was hat mir besondere Schwierigkeiten bereitet?
- Wo lag der Fehler bei mir?
- Was muss ich von anderen nächstes Mal einfordern?
- Was werde ich nächstes Mal anders/besser machen?

Wichtig ist jedoch die Erkenntnis, dass auch dem perfektesten Protokollführer Fehler unterlaufen. Denn diese oft unterschätzte Aufgabe ist eben sehr vielfältig, schwierig und heikel!

Fehler Nummer 1: Mangelnde Vorbereitung

Oft werden Protokollführer viel zu spät von ihrem Glück informiert, bei der nächsten Sitzung dieses ehrenvolle Amt zu übernehmen. Aus falsch verstandenem Ehrgeiz oder Pflichtgefühl traut sich derjenige nicht zu widersprechen.
- Achten Sie immer auf genügend Zeit zur Vorbereitung. Sind alle technischen Hilfsmittel vorhanden? Haben Sie alle wichtigen Vorinformationen zu Inhalt, Sachgebiet, Tagesordnung, Teilnehmern und Ablauf? Sollten Sie das Amt des Protokollführers nicht ablehnen können, obwohl die Zeit zur Beschaffung aller nötigen Informationen nicht ausreicht, so holen Sie die fehlenden Informationen bei Ihrem Chef oder dem Vorsitzenden ein – vielleicht lässt sich das Notwendigste noch unmittelbar vor der Sitzung klären!

Fehler Nummer 2: Die eigene Unsicherheit

„Ich bin hier **nur** der Protokollführer." Wie oft hören wir in Sitzungen diesen Satz? Leider viel zu oft! Die meisten Protokollführer sehen ihre Rolle viel zu passiv, viel zu sehr im Hintergrund. Sie führen aus ihrer Sicht ja nur aus, reden nicht mit, haben keine eigene Meinung und sind bestenfalls hinterher Schuld, wenn einem Teilnehmer etwas nicht passt. Doch der Protokollführer hat eine sehr wichtige und schwierige Aufgabe. Er erfüllt diese Aufgabe nicht „gegen" die anderen, sondern mit ihnen, für sie. Er kann daher durchaus ein kooperatives Verhalten von allen Sitzungsteilnehmern erwarten und verlangen. Je selbstsicherer er auftritt, desto eher wird er dieses Verhalten bei den anderen erreichen. Denn wer sich selbst nicht schätzt, der strahlt genau diese mangelnde Sicherheit aus und wird auch dementsprechend behandelt!

- Rufen Sie sich unmittelbar vor Sitzungsbeginn Ihre eigene Wichtigkeit zum Gelingen der Sitzung ins Gedächtnis. Die besten Beiträge und Beschlüsse werden nichts bewirken, wenn sie nicht auch richtig dokumentiert werden! Scheuen Sie sich nicht, die für Sie wichtigen und notwendigen Informationen gleich zu Beginn einzufordern.

Fehler Nummer 3: Probleme beim Zuhören

Wie aktiv die Rolle des Protokollführers ist, wird beim Zuhören deutlich. Wer nicht ständig konzentriert und aktiv zuhört, verpasst Wesentliches. Das verlangt ein hohes Maß an Konzentration. Besonders bei einer längeren Sitzung kann schon einmal passieren, dass die Gedanken abschweifen. Vielen Sitzungsteilnehmern geht es so. Sie melden sich dann eben einfach nicht zu Wort. Sind sie wieder fit, mischen sie sich wieder in die Diskussion ein. Der Protokollführer kann sich diese kurzen Verschnaufpausen nicht gönnen. Auch unsere Einstellung, unsere bisherigen Erfahrungen und Vorurteile beeinflussen unser Hörvermögen. Besonders, wenn wir einzelne Sitzungsteilnehmer schon gut kennen, meinen wir oft, genau zu wissen, was er jetzt wieder sagen wird. Und daher passiert es manchmal, dass wir nicht so genau hinhören. Doch was, wenn er gerade dann etwas völlig Unerwartetes gesagt hat? Wie war das noch gleich?

- Versuchen Sie, möglichst unvoreingenommen zuzuhören. Ihre Emotionen und Einstellungen sollten Sie so weit wie möglich wegschieben. Konzentrieren Sie sich auf den Inhalt und lassen Sie sich nicht durch die eine oder andere Eigenheit einzelner Sprecher ablenken. Suchen Sie auch gelegentlich den Augenkontakt der anderen, es hilft nämlich, wenn die einzelnen Sitzungsteilnehmer direkt zu Ihnen sprechen!

Fehler Nummer 4: Mangelhafte Mitschriften

Ihre wichtigste Arbeitsgrundlage ist eine gute Mitschrift. Das gilt nicht nur für ein Wortprotokoll. Auch und gerade bei Kurzfassungen ist es wichtig, die wesentlichen Punkte fehlerfrei mitnotiert zu haben. Was aber tun, wenn Sie bei der Ausarbeitung feststellen, dass offensichtlich ein Blatt Ihrer Mitschrift fehlt? Wenn Sie bei bestem Willen einen Ihrer notierten Punkte nicht mehr lesen oder zuordnen können? Oder wenn Sie während der Sitzung die Namenskürzel plötzlich vertauscht und HAB und HEB verwechselt haben? Oder war's doch umgekehrt?

- Gehen Sie grundsätzlich sehr großzügig mit Papier bzw. bei vorgefertigten Seiten mit dem Notizfeld um. Nummerieren Sie die Blätter vorher und kontrollieren Sie unmittelbar nach der Sitzung, also noch im selben Raum, ob Sie alle Blätter chronologisch geordnet haben. Lesen Sie noch während der Sitzung nach Möglichkeit die wichtigen Beschlüsse vor, damit Unklarheiten gleich beseitigt werden können. Das ist im Interesse aller, so viel Zeit muss sein!

Fehler Nummer 5: Unübersichtliche Form des Protokolls

Wir haben Ihnen am Anfang unseres Buches geraten, sich an bereits verfassten Protokollen in Ihrem Unternehmen zu orientieren. Doch übernehmen Sie nicht einfach kritiklos die alte Form. Hinterfragen Sie die Formgebung nach ihrer Sinnhaftigkeit. Vielfach sehen Protokolle auf den ersten Blick sehr überzeugend aus, doch wenn der Leser etwas Bestimmtes sucht, stellt er rasch fest, dass die Übersichtlichkeit fehlt. Im Zeitalter der stetig wachsenden Informationslawine ist es eine der größten Sünden gegen seine Mitmenschen, sie mit unübersichtlichen Texten zu quälen!

- Betrachten Sie am Ende Ihrer Arbeit das Protokoll mit der Brille eines „Außenstehenden“, eines Laien. Urteilen Sie ehrlich: Wird er rasch finden, wonach er sucht? Ist das Erscheinungsbild leserfreundlich? Achten Sie auch auf die richtige Schriftgröße, alles unter Zwölf-Punkt-Größe ist schwer leserlich. Auch Tipp- und Rechtschreibfehler hemmen den Lesefluss. Und ein Fehler im Protokollrahmen, wie zum Beispiel das Vertauschen von Herr und Frau oder das Falschschreiben eines Namens, sind oft Fehler, die eine ansonsten professionelle Arbeit um ihren Erfolg bringen!

Fehler Nummer 6: Subjektive „Einflüsse"

Wie schon mehrfach erwähnt, ist es – zumindest dem „klassischen" Protokollführer – untersagt, an der Diskussion teilzunehmen. Er soll möglichst objektiv das Geschehen wiedergeben. Doch je mehr das Thema persönlich interessiert, desto schwerer fällt es, die eigenen Emotionen auszuschalten. Schließlich sollen Sie sich ja auch für das Thema interessieren. Und persönliche Sympathien und Antipathien werden auch vom professionellsten Protokollführer nicht gänzlich an der Garderobe abgegeben. So kann es schon einmal vorkommen, dass er dann beim Ausformulieren seines Protokolls dem ungeliebten Herrn Müller nur ein knappes „wirft ein" statt einem vielleicht eher der Wahrheit entsprechenden „führt aus" zuordnet!

- Achten Sie vor allem bei den Einleiteworten zu einer indirekten Rede auf eine klare, sachliche Darstellung. Die vielen verschiedenen Wörter, die Sie statt *sagen* und *fragen* verwenden können, verleiten auch zu einer subtilen Form der Manipulation. So können Wortmeldungen in ihrer Bedeutung geschmälert oder aufgebauscht werden. Achten Sie bewusst auf diese „Subjektivitätsfalle"!

Fehler Nummer 7: Vorschnelles „Aufgeben"

Zugegeben, so ein Protokoll ist vom ersten bis zum letzen Moment ziemlich viel Arbeit. Und es ist ja nicht das Einzige, was auf Ihrem Schreibtisch auf Sie wartet. So richtig mühsam wird es aber dann, wenn die Korrekturen und Überarbeitungen immer wieder von Neuem beginnen müssen. Sie freuen sich, endlich fertig zu sein – da kommt eine E-Mail von einem Sitzungsteilnehmer, der nur eine „Kleinigkeit" geändert haben will. Und Ihr Chef möchte unbedingt noch diesen einen Punkt anders hervorgehoben haben. Na klar, alles kein Problem! Doch diese x-ten Neufassungen müssen wieder gleich behandelt werden wie die erste Fassung. Verteilen, versenden, ablegen ... kein Wunder, wenn uns da manchmal die Genauigkeit abhanden kommt. Und so erhält ein Teil der Sitzungsteilnehmer die dritte Fassung, ein anderer

Teil schon die vierte. Und abgelegt wird die zweite Fassung. Ein Jahr später, wenn ein strittiger Punkt wieder interessant wird, kommt dieses Durcheinander zutage – ziemlich peinlich!

- Sehen Sie solch mühsames Nacharbeiten nicht als persönliche Beleidigung, sondern ganz einfach als Teil Ihres Jobs an. Vermerken Sie auf jeder Fassung das Datum, damit Verwechslungen ausgeschlossen sind. Und halten Sie durch bis zum Schluss. Wer immer nur fast am Ziel anlangt, wird nie gewinnen!

Literaturverzeichnis

Cerwinka, G., Schranz, G.: *Die Büro-Bibel*, Linde Verlag, Wien, 2008

Cerwinka, G., Schranz, G.: *Beim ersten Eindruck gewinnen*, Linde Verlag, Wien, 2006

Dudenredaktion: *Duden – Die deutsche Rechtschreibung* (25. Auflage) und *Duden Rechtschreibprüfung kompakt*, Dudenverlag, Mannheim

e-Sidat: *Professionelles Protokollmanagement*, IOS Management, www.ios.at

ÖNORM A 1080: Textgestaltung, Österreichisches Normungsinstitut Wien, 2007

Internet:

http://www.lexikonverlag.de/Sprachberatung/Woerterverzeichnis.html
http://www.ids-mannheim.de/reform/
http://www.akademie.de/gestalten/textgestaltung/kurse/neue-deutsche-rechtschreibung/

Stichwortverzeichnis